Willkommen
in meinem Garten

avBUCH

Verlag Eugen Ulmer

Karl Ploberger

Willkommen in meinem Garten

Erfahrungen eines intelligenten faulen Gärtners

mit Bildern von
Alice Thinschmidt &
Daniel Böswirth

INHALTSVERZEICHNIS

Von Gartenträumen

Dieses Buch ist die Geschichte eines Traumes, der wahr geworden ist. Ein Traum, den ich als Kind zu träumen begonnen habe und der nach mehr als 40 Jahren noch lange nicht zu Ende ist. Er soll nicht als Selbstzweck oder Imponiergehabe verstanden werden, sondern vielmehr auch Sie selbst zu einem solchen Gartentraum einladen. Mit allen Höhen und Tiefen. Mit allen schönen und weniger schönen Erlebnissen. Ich möchte Ihnen viele Tipps geben, wie man auch in einem solchen Traumland ein paar Schritte schneller gehen kann. Nachträumen ist eben doch ein wenig leichter.

Wer aller mit dabei war, meinen Traum zu erfüllen, werden Sie in diesem Buch nachlesen können. Viele der Geschichten und Geschichtchen habe ich bei meinen hunderten Vorträgen bereits erzählt. Manche sind in der Erinnerung vielleicht ein wenig bunter geworden, als sie tatsächlich waren. Aber so ist es eben mit dem Erzählen und Träumen.

Alle, die mitträumen möchten, sind herzlich eingeladen. Ob ein kleiner Balkon oder ein Schlosspark in England. Ob das Blumenstöckchen auf der Fensterbank oder die Zyklamensammlung im Gewächshaus. Jeder Gartentraum ist erlaubt – nichts ist verboten.

Einige tausend Besucher waren schon in unserem Garten. Haben ihn bei jeder Witterung und zu fast jeder Jahreszeit erlebt. Setzten sich hinein in dieses Paradies und verstanden, warum so ein Garten Balsam für die Seele ist. Viele von ihnen werden wahrscheinlich schönere Gärten besitzen als ich. Jeder Garten hat seinen ganz besonderen Reiz und ist einzigartig. Jeder Handgriff formt das große Projekt eines Lebenstraumes.

Bleibt mir nur, ein großes DANKE meiner geliebten Ulli und unserer Tochter Karoline auszusprechen. Ohne ihre Geduld, ihre Nachsicht und ihr meist überstrapaziertes Verständnis wäre dieser Gartentraum nicht Wirklichkeit geworden. Und auch dieses Buch wäre nicht Wirklichkeit geworden, das einmal mehr einen Sommer lang immer und immer wieder den Ehemann und Papa an den Schreibtisch zog.

Also – einsteigen und mitträumen:

Willkommen in meinem Garten.

Karl Ploberger

…GARTENLEIDENSCH

Der Biogärtner

Sind Sie gelernter Gärtner?
Wann haben Sie mit dem Gärtnern begonnen?
Wie finden Sie die Zeit, die Sie Ihrem Garten widmen?

Wo immer man ins Gespräch mit Gartenfreunden kommt, tauchen diese Fragen auf. Viele von ihnen werden im Rahmen dieses Buches beantwortet. Der Garten war für mich schon immer eine Leidenschaft. Und für Leidenschaften findet man Zeit – egal in welcher Lebenssituation.

Wer hat mich zum Gartenliebhaber gemacht? Schwierig zu sagen, aber sicherlich mein Vater, der allerdings nicht Gärtner, sondern Tischlermeister und Bestatter war. Wann immer möglich, arbeitete er im Garten. Nicht so enthusiastisch (oder fanatisch?), wie ich es heute praktiziere, aber doch mit viel Liebe. Er war ein so genannter Sonntagsgärtner. Und er hatte offenbar das Gespür, dass „klein Karli" dieses „Garteln", wie er es immer bezeichnete, über alles liebte.

Erste Gartenversuche

Schritt eins meiner Gartenleidenschaft war das Experimentieren. So wird mir erzählt, dass ich schon als Fünfjähriger versucht habe, eine Kastanienallee im zu jener Zeit noch sehr kleinen Stadtgarten in Vöcklabruck anzulegen. Kastanie neben Kastanie legte ich in die Erde und wartete. Trotz kindlicher Ungeduld konnte ich das Öffnen der ersten Blätter erwarten, begann aber kurz danach zu erforschen, was denn da unter der Erde passiert sei. Und da fand ich die Kastanie, mit einer Wurzel und dem ersten Trieb. Da müsste sich doch aus dieser Kastanie gleich noch ein zweites Bäumchen ziehen lassen, dachte der neugierige Gärtner, zwickte mit einer Schere die Kastanie ab und pflanzte sie erneut ….
Misserfolge gehören zu jedem Gärtnerleben. Machen es aber einfach schön. Wenn alles klappt – so sage ich den erstaunten Besuchern, wenn sie in meinen Garten kommen – dann ist es ja langweilig.

„Am Spitz", mein erster Garten

Die Anlage eines Obst- und Gemüsegartens stand am Beginn meines Gärtnerlebens. „Am Spitz" nannten wir den Platz in unserem Garten, wo mein Vater und ich uns austoben durften. Meine Mutter war keine Gärtnerin. Aber sie liebte ihre Zimmer- und Balkonblumen und hatte einen „grünen Daumen". Ob Orchideen oder Blumenkästen – es war alljährlich eine Blumenpracht. Und sie liebte Blumensträuße. Wenn zu besonderen Anlässen die vielen Freunde und Bekannten das Haus mit Schnittblumen überschwemmten, war sie glücklich. In jedem Raum standen dann die Arrangements, wurden gewässert und angeschnitten und hielten wochenlang.
Der Gemüse- und Obstgarten war also reine Männersache und brachte viel

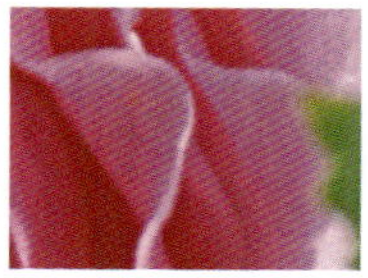

AFT ...

Lehrreiches mit sich. Vor allem deshalb, weil unsere damalige Köchin (also doch nicht reine Männersache!) eine gestandene Bäuerin war. Sie half mit und lehrte mich viele Grundlagen.

Naturgeschichte und mein Lieblingslehrer

Der Biologieprofessor im Gymnasium – damals hieß er noch Naturgeschichtsprofessor – weckte ebenfalls mein Interesse. Seine Erzählungen über die Pflanzenwelt waren immer so spannend, dass ich oft auch an Wochenenden mit ihm botanisierend durch die Auen der Umgebung lief.

Alpenveilchen werden zur Sucht

Ich habe schon erwähnt, dass wir daheim ein Bestattungsunternehmen hatten. Dies brachte mit sich, dass wir oft mit dem Gärtner der Stadt zu tun hatten. Rudi Hueber, Gärtnermeister in Vöcklabruck, war zu dieser Zeit einer der gefragtesten Zyklamenzüchter des Landes. Er war es, der endgültig die Gartensucht in mir auslöste. An einem schönen Spätsommertag kam ich in die Gärtnerei und er zeigte mir „seine“ Alpenveilchen. Zehntausende blühten da in einem Gewächshaus. Ein zarter Duft schwebte über den Blüten und ich war „elektrisiert“. „Das muss ich auch zustandebringen!“

Das erste Gewächshaus

Das Buch, das mich genau zu jener Zeit ebenfalls in seinen Bann zog, war „Sonntagsgärtner unter Glas“ von Karl-Heinz Hanisch, dem damaligen Chefredakteur einer großen Gartenzeitung. Wie er Aufbau, Pflege, Probleme und Diskussionen rund ums Glashaus mit seiner Frau beschrieb – ich könnte es heute nach Jahren der Erfahrung nicht anders tun.

Und so wagte ich mich ans erste Glashaus. Mit 14 Jahren baute ich aus Holzlatten und Folie den ersten grünen Palast. Beheizt mit Elektro-Heizstrahler. Die ganze Verwandtschaft war geradezu ergriffen, wie es in meinem Gewächshaus blühte. Zyklamen, Weihnachtssterne, Schnitt-Nelken – ja sogar die Balkonblumen kamen von mir. Freilich: Als die erste Stromrechnung kam, war die Freude mäßig:

30.000 Schilling (heute mehr als 2.000 Euro) waren selbst meinem Vater zu viel. Und so baute er mit mir ein winddichtes Alugewächshaus, das ich jahrelang betrieb.

Vorbilder und eine verständnisvolle Ehefrau

Ebenfalls eine besonders wichtige Rolle spielten in meinem Gärtner-leben zwei Frauen: Die erste ist die weithin als *die* Biogärtnerin bekannte Marieluise Kreuter. Ihr Buch „Der Biogarten" gehörte zu meinen Lehrbüchern. Noch heute schlage ich darin nach, wenn manches aufgefrischt gehört. Aus der damaligen Bekanntschaft über das Buch wurde eine Freundschaft. Dank des Journalismus konnte ich mit der „Kre(ä)uter-Frau" viele Male Interview-Serien aufnehmen und ihre Idee des Gärtnerns ohne Gift weitergeben.
Die zweite wichtige Frau ist Ing. Helga Wagner. Sie war damals Stadtgartenleiterin in Linz und schaffte es, in einer Stadt, in der Kunstdünger in Millionen von Tonnen produziert wurde, eine städtische Gärtnerei aufzubauen, die nur Kompost und organischen Dünger verwendete. Den Kontakt stellte Cordula Hanisch her – eine ebenso begeisterte Gärtnerin, die mit meiner Frau studierte und seit einiger Zeit mit ihr gemeinsam Kochbücher schreibt.

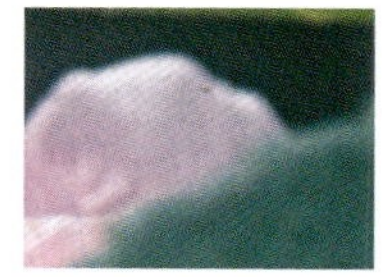

Es gäbe noch viele Gärtner im In- und Ausland zu nennen, die mich geprägt haben, wie Wolfram Franke, Chefredakteur der Biogartenzeitschrift „kraut & rüben", Buchautor Siegfried Stein und der legendäre Jürgen Dahl. Und natürlich meine Frau, die ich schon seit meinem 18. Lebensjahr kenne und die noch heute erzählt, wie ich ihr damals anbot, ihr bei mir daheim etwas ganz Besonderes zu zeigen. Der Besuch im Glashaus hinterließ jedoch keine nachhaltigen Spuren. Allerdings wusste sie, wen sie sich da als Lebenspartner ausgesucht hatte. Beschwerden über die tagelangen Gartenaktivitäten sind daher heute zwecklos. Nur meine Tochter kann mich aus dem Garten holen: „Jetzt gehen wir doch endlich Radfahren, Papa!"

Beruflicher Werdegang

Neben all diesen gärtnerischen Aktivitäten gab es für mich noch immer zwei weitere Leidenschaften: das Fotografieren und den Journalismus. So begann meine (haupt)berufliche Arbeit bei der Tageszeitung KURIER in Wien als Lokalreporter. Wenige Jahre später übernahm ich die Mini-Redaktion in Linz und wechselte dann zum ORF Radio und Fernsehen ins Landesstudio Oberösterreich. Zuerst Aktuelle Dienst, Nachrichtenredakteur, Moderator und – so nebenbei – bereits eine erste kleine Gartensendung. Meine Aktivitäten rund ums Garteln auf Messen, die Erstellung von Gartenbroschüren und einschlägige Publikumsaktionen brachten mich schließ-

lich ins Marketing. Doch auch als Leiter des Marketing blieb ich dem Radio und TV mit meinen Gartentipps treu. Schließlich kam – völlig ungeplant – die Chance, im österreichweiten Fernsehen eine Sendung zu moderieren. Gemeinsam mit Martina Rupp begrüße ich seit Anfang 2004 mit „Willkommen Österreich" Hunderttausende und gebe nun auch dort meine vielen Erfahrungen mit dem Gärtnern weiter.

Ja – und wie schafft der das alles? Erstens mit einer verständnisvollen Frau, die ähnlich aktiv ist wie ich. Der lieben Schwippschwägerin Elfi (die gute „Elfe"), die seit 2004 im Garten hilft, während ich in Wien moderiere oder Bücher schreibe. Und: Man bewältigt vieles, wenn man daran unendliche Freude hat. Und das Garteln ist für mich nun einmal das schönste Hobby auf dieser Welt!

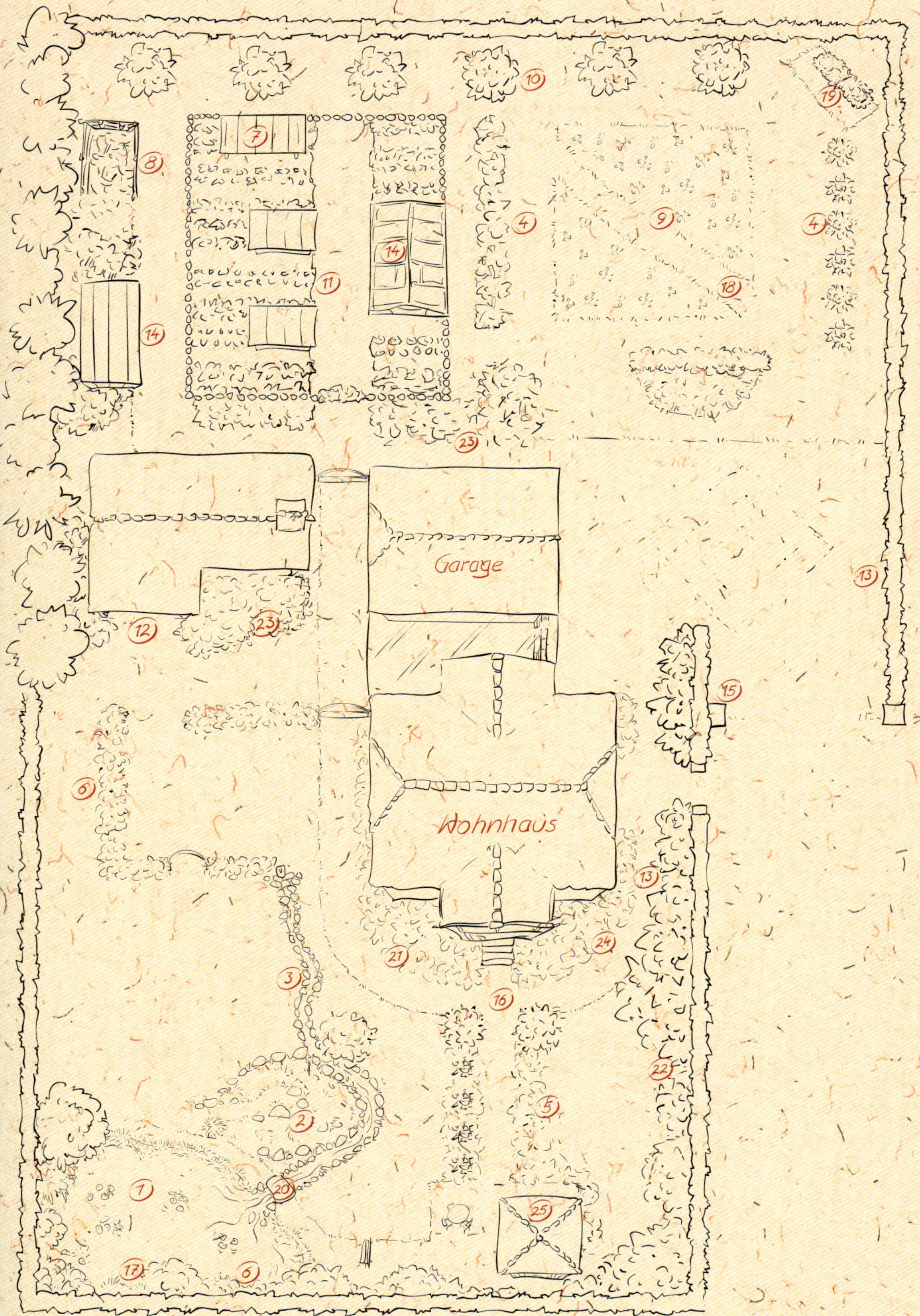

1. Teich
2. Moor
3. Bachlauf
4. Naschgarten
5. Staudenbeete
6. Schattenbeete
7. Tomatenhaus
8. Kompostplatz
9. Blumenwiese
10. Obstgarten
11. Gemüsegarten
12. Ruinengarten
13. Trockenbeete
14. Glashaus
15. Seltene Gehölze
16. Wege
17. Rindenweg
18. Rasenpfad
19. Sitzplatz bei Rosenlaube
20. Brücke beim Teich
21. Trockenmauer
22. Wildsträucherhecke
23. Rhododendron
24. Rosenhügel
25. Lusthaus

BACH,
WI

TEICH &
DE EXOTIK

Wasser im Garten bedeutet größte Nähe zur Natur – ob als Bach, als Teich oder gar als Moor. Der Gärtner wird zum Bühnenbildner, die Natur spielt dann ihr eigenes Schauspiel. Jedes Jahr ein wenig anders, aber mit immer mehr Vielfalt. Pflanzen und Tiere stehen auf dieser Bühne und der Mensch beobachtet und erfreut sich an seinem Stück Paradies.

…2.500 QUADRATM

Am Anfang war das Wasser …

Seerosen, Binsen, Sumpfdotterblumen und dazu Kaulquappen und Ringelnattern. Ein Traum, den ich damals träumte und für den ich Pläne zeichnete. Beim Schreibtisch in der kleinen Linzer Wohnung auf 50 Quadratmetern saß ich, ging immer wieder auf den Balkon, schnupperte an den Kräutern, an der Brunnenkresse – ja, auch dafür muss Platz sein in unserem neuen Wasserparadies.
Erst wenige Tage war es her, dass wir endgültig den Kaufvertrag unterschrieben hatten. Ein Grundstück, direkt beim Wald, mit 2.500 Quadratmetern – unendlich groß, verglichen mit meinen eineinhalb Quadratmetern Balkon.

2.500 Quadratmeter – da hat endlich der große, der ganz große Teich Platz! Biotop nennen ihn die Autoren jener Bücher, die sich in unserer Wohnung stapeln. In den Vorträgen und Seminaren, die ich besucht habe, gab es überhaupt nur eine Botschaft: Schwimmteich! Schwimmteich – das ist es?

Als ich die ersten Pläne zeichnete, war Hochsommer. Ein Hochsommer in der Stadt im 4. Stock eines Wohnhauses – ohne Lift! Alleine diese Schweißperlen beim Treppensteigen wären doch schon Argument genug gewesen, einen Schwimmteich zu bauen. Ich war sofort dafür, doch meine Frau konnte sich einfach nicht mit dem Gedanken anfreunden, mit Ringelnatter und Kröten um die Wette zu schwimmen.

Zartes Frühlingserwachen – noch ist alles kahl, aber das große Grünen und Blühen beginnt.

ER…

Die Gelbe Schein-Calla *(Lysichiton americanus)* wächst im Sumpf und begeistert im zeitigen Frühjahr mit exotisch wirkenden Blüten.

unten: Kaum zu glauben – ein künstlicher Teich, der zu einem Teil der Natur geworden ist!

Schwimmen im Teich?

Vielleicht hatte sie ja Recht. In meinem Elternhaus gab es einen kleinen Pool – blitzblau. Traumhaft - wie aus dem Katalog. Aber in unserem geplanten Naturgarten konnte es doch so etwas nicht geben. Daher doch: Schwimmteich! Also wurden im Maßstab die Umrisse eines solchen Schwimmteichs gezeichnet. Immer größer wurde das nierenförmige Etwas, das sich da in meinem Kopf an der sonnigsten Stelle des Gartens ausbreiten sollte.

Dazu gehört ein Bachlauf – mit der Brunnenkresse, denn die mag unbedingt fließendes Wasser. Eine Pumpe, Zufluss, Stromanschluss – alles eingezeichnet. Haus gab es, selbst am Papier, noch keines. Nur ein leeres Quadrat mit einem kleinen Anhängsel – „Wintergarten", stand da. Und in der hellblau eingefärbten Niere: „Schwimmteich". Das war das Ende der Diskussion. Nie im Leben würde sie dafür Geld investieren, da haben wir noch nicht einmal ein Haus und schon würde der Garten alles Geld der Welt kosten, murrte meine Frau!

Plan eins für die große Teichlandschaft mit Bachlauf, Wasserfall und Moorbeet kam also zu den Akten – nein: Er landete in kleine Stücke zerrissen im Papierkorb. Fast wie gehäckselt.

Die große Jagd kann beginnen: Libellenlarven sind Räuber im Teich, später entwickeln sich aus ihnen die schillernden Fluginsekten.

Also wurde im Hause Ploberger umgeplant – aber wie! Am Wochenende schritten wir das Grundstück vor Ort ab. Da das Haus, da die Zufahrt, hier die Garage und: hier der Teich mit einer bunten Wildsträucherhecke und einigen Bäumen als Kulisse. Sonst würde es auf dem Grundstück nämlich keinen Schatten geben. Der kleine Wald westlich davon nimmt kaum Sonnenlicht weg. Tagelang dauerten die Diskussionen: Wie groß kann ein Teich auf einem 2.500 Quadratmeter großen Grundstück sein? Letztlich entschied der Baggerfahrer. Als der Keller für das Wohnhaus ausgehoben wurde, baggerte er auch gleich den Teich aus. Größer, als meiner Frau lieb war und kleiner, als ich wollte.
Während in meinem Kopf schon alles in Richtung Naturgartenparadies lief, begann auf der Baustelle der Alltag: zu wenig Beton für den Keller, dann ein Schlechtwettereinbruch. Die Pläne, den Teich noch im Herbst zu errichten, wurden zunichte gemacht. Eine Baustelle und ein Garten lehren Gelassenheit. Was sind schon fünf Monate in einem Gartenleben?

Der Winter gab Zeit, sich noch einmal ausführlich mit der Gartenplanung zu beschäftigen. Nach vielen Wochen, die das Haus mit allen seinen Details an Mühe kostete, war das nun eine wahre Freude. Skizzen über Skizzen entstanden und schließlich fertigte ich sogar ein Modell an. Die langen Winterabende haben den Entschluss reifen lassen, den Teich endgültig als Biotop anzulegen, allerdings mit einem Bachlauf. Dafür bot sich das leicht abfallende Grundstück an. Es sollte kein „Wildbach“, sondern ein „Wiesenbacherl“ werden.

Moor und Teich sind zu einer Einheit geworden: Blüten der Gelben Schlauchpflanze *(Sarracenia flava)*.

Der erste Frühling

April – der Morast auf der Baustelle war unbeschreiblich. Die Wände im Haus drinnen noch mit Eiskristallen überzogen und draußen – da war endlich Frühling. Der erste Frühling in meinem Garten. Jeder Gartenliebhaber kennt den ersten Frühlingstag: Man kommt aus dem Haus und riecht das neue Gartenjahr. Fachleute haben mir später erklärt, dies seien die Bodenpilze, die nun mit steigender Wärme wieder aktiv würden und diesen typischen Geruch verbreiten. Also, auf und in der Erde wühlen.

Das Erdloch des Teichs hatte sich längst gesetzt, daneben lag ein Berg feiner Sand und eine Rolle Geovlies.

Jetzt aber in die Hände gespuckt: Sand in die Grube kippen, verteilen, damit auch keine spitzen Steine die Folie später zerstörten.

Dann das Vlies drauf und danach die Folie. Das schien ja rasch zu gehen .... Wer hat schon einmal zwei Tonnen Sand mit dem Schubkarren verteilt? Stunden vergehen, die Arme werden länger, der Rücken schmerzt und der Sandhaufen wird nicht kleiner. Also – liebe Geschwister und Schwager!

Woche zwei des Gartenteichbaus war effizient: 12 Leute richten eben mehr aus als einer. Die Stimmung war phänomenal. Ein echtes Gartenfest wurde aus den Arbeitseinsätzen. Und dank des schnellen Baufortschritts waren auch die Fenster im Wintergarten schon montiert. Die Feiern darin dauerten bis spät in die Nacht.

...DAS KOSTBARE N

Wasserdost *(Eupatorium cannabinum)* und Blutweiderich *(Lythrum salicaria)* – zwei typische Uferpflanzen beim Teich.

Die Folie ist zu klein

Alles hab ich nach Plan gemacht: Folie mit einem Gartenschlauch ausmessen, steht da in den Büchern. Also hab ich in die Teichgrube den Schlauch gelegt, sodass die Länge genau der Form entsprach. Alleine: Nach dem Ausmessen gab mir mein Bauleiter den Tipp, doch einen Sickerschacht als Überlauf zu errichten, rinnt doch das gesamte Dachwasser in einen Regenbehälter und, sobald der voll ist, der Rest über den Bach in den Teich. „Der geht Ihnen über und dann ...!" Also Bagger bestellen, Schacht graben und Betonsickerringe einbauen. Dummerweise wurde dadurch der Teich um gut einen Meter länger. Das bemerkte aber niemand. Erst, als die Folie am ersten wirklich heißen Tag im Mai aufgelegt wurde, kam die Ernüchterung – da fehlte mindestens ein halber Meter. Meine Idee: Begrenzen wir doch den Teich an einer Stelle mit Holzplanken, das Ufer läuft dann nur an drei Seiten flach aus, an dieser Stelle ist dann eine Art Ufermauer – und dahinter setze ich die Kopfweiden! So wie am alten Mühlbach in meiner Heimatstadt. Endlich war der Teich dicht, Kies und Steine konnten vorsichtig eingebracht werden. Wieder vier Tage Arbeit, die unter anderem mit einem blauen Zeigefinger meiner Schwester endeten, denn man sollte nicht glauben, wie hart so ein 15 Kilo schwerer Stein ist, wenn man ihn auf einen anderen legt und den Finger dazwischen „vergisst"....

S...

oben: Wird aus dieser Kaulquappe ein Frosch oder eine Kröte? Entdeckungsreise am Gartenteich.
rechts: Libelle – ein eindrucksvolles Naturschauspiel.

Endlich konnte das Gärtnerherz zu schlagen beginnen: Wasserpflanzen! Unbedingt Seerosen, dann das wunderbare, gestreifte Schilf. Klein bleibende Rohrkolben, Binsen, große und kleine, Sumpfdotterblumen, Hechtkraut, Froschbiss – der Kofferraum des Wagens war bis zum letzten Platz gefüllt. Gepflanzt wurde nach Anweisung eines befreundeten Wassergärtners: Schotter etwas zur Seite geben und ein Pflanzloch freimachen, die Pflanze aus dem Topf nehmen, einsetzen und bloß mit feinem Kies auffüllen. Keine Erde zugeben, dann hält man später die Algen ab.

Wasser, marsch!

Da Ungeduld etwas Schreckliches ist, hieß es bereits am Abend: Wasser, marsch! Ein Schlauch, der in einem Kübel im Teichboden lag und so kaum Schwebstoffe aufwirbelte, lieferte das kostbare Nass für die künftige Naturoase. Fast zwei Tage lang lief Wasser ein – Sonntag Abend war der ganz private See voll! Das Wohnhaus glich noch immer einer Baustelle, die Wände außen noch nicht verputzt, innen allerdings hingen schon die Stromkabel aus den Steckdosen und die Holzfußböden waren bereits verlegt. Aber

Sumpfblutauge *(Potentilla palustris)*

...WASSERPROJEKTE

an ein Wohnen beim Teich war nicht zu denken. Auch Gartenzaun gab es keinen, und so war beim nächsten Besuch Mitte der Woche die Überraschung ziemlich groß: Die gesamte Kinderschar der Nachbarschaft genoss dieses neue Paradies. Kleine, ferngesteuerte Boote, Steine weit werfen und Enten füttern. Nicht ein Pärchen, sondern gleich ein ganzer Clan. Ein Harem mit einem Erpel. An sich war das alles sehr romantisch, nur die 40 Kubikmeter Wasser waren dem nicht gewachsen. Kiloweise lag da das Brot am Teichboden, und die alten Semmeln schmeckten alleine offenbar nicht, denn die gefiederten Schwimmtierchen verspeisten auch meine frisch gesetzten Wasserpflanzen.

Was tun? Als neuer Nachbar gleich mit den Kindern schimpfen? Nein! Fast eine Stunde lang habe ich mich zu ihnen gesetzt und ihnen die Funktion eines Teiches und die biologischen Zusammenhänge erklärt. Dass Enten zwar nützlich seien, aber in einem frisch angelegten Teich zum Problem werden. Daher gab es für die Kinder einen Spezialauftrag: Enten verscheuchen. Klatschen, schreien oder mit dem Netz, das zum Herausfischen der Brotreste gekauft wurde, ins Wasser schlagen. Tatsächlich: Die Entebesuche hielten sich in Grenzen.

Eigenwillige „Blumentöpfe“

Aber: Von den vielen Wasserpflanzen waren nur noch klägliche Reste vorhanden. Also: Neupflanzung. Seerosen, Binsen & Co. Doch wie sollten die nun in einen voll gefüllten Teich gesetzt werden? Daher wurde bei den Pflanzen, die ins tiefe Wasser kommen, das System mit den alten Einkaufskörben angewendet: Die Korb- und Strohtaschen wurden mit etwas Komposterde und etwas getrocknetem Rindermist gefüllt, die nährstoffhungrigen Seerosen mit einer dicken Schicht Kies als Abdeckung gepflanzt und schließlich mit einer Holzstange und einer Schnur ins Wasser gelassen. Das Seil gekappt, und mit einer Punktlandung standen die Seerosen darin gepflanzt. Der Korb zerfiel rasch und die herrlich blühenden Seerosen haben nach 12 Jahren einen Wurzelstock von fast einem Meter Durchmesser.

Die anderen Pflanzen setzten wir durch das Wasser watend. Endlich war der Teich fertig. Also konnte das nächste Wasserprojekt – der Bachlauf – in Angriff genommen werden: Das ausgebaggerte Bachbett war bereits vorhanden. So wurde, wie beim Teich, zuerst eine Schicht Sand als Schutz für die Folie aufgetragen. Anschließend die Folie in Bahnen geschnitten, verschweißt (mit Löchern, die, wie sich nach Monaten herausstellte, nie mehr repariert werden konnten) und dann Steine und Kies aufgelegt: große Steine an den Rand, Kies, Splitt und feiner, gewaschener Quarzsand in die Mitte.

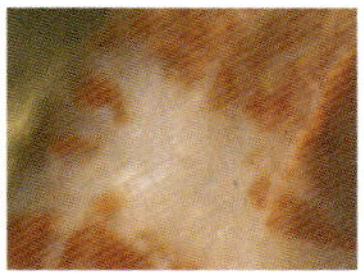

Ein Bach mit Quelle

Als Quellsteine dienten einige der ganz großen Findlinge, die beim Kellerausheben zu Tage getreten sind. Damit die Konstruktion hielt, wurden sie auf der Folie in Beton verlegt. Zwei lange Rohrleitungen führten von der Quelle zum Teich. Eine für das Wasser und eine für das Stromkabel. Pumpe in den Teich, angeschlossen und klick! Tatsächlich kam nach einigen Schrecksekunden der kräftige Wasserstrahl aus dem Plastikrohr. Die Bachlauf-Pumpe mit Strom sparendem Antrieb und Langzeitgarantie lief und erzeugte das Gefühl, an einem wirklichen Bächlein zu sitzen. Mit einigem Geschick wurden die Steine nun endgültig im Bachbett in Position gebracht. Noch mit Kies aufgefüllt, wo der Sand weggespült worden war und schließlich die überstehende Folie mit Erde abgedeckt.

Teich, Bach – da fehlten jetzt nur noch die Fische! Aber halt: Immer wieder wurde mir gesagt, dass niemals Gold-

Der Bach fließt unter einer Steinbrücke in den Teich – vorbei am Moor. Natur aus zweiter Hand!

Das große Blühen am Bachrand unter der Haselnuss.

Preiselbeeren aus dem Garten – im Moor wachsen sie.

fische in einen Teich dürfen. Sie würden durch ihre Ausscheidungen das biologische Gleichgewicht stören und außerdem viele der nützlichen Insekten fressen. Also andere Fische: Moderlieschen, Bitterlinge, Stichlinge. Dazu einige Teichmuscheln als Filter und für die Vermehrung der Bitterlinge. Noch heute leben in meinem Teich die Nachkommen der insgesamt sieben eingesetzten Fische. Aus dem Moderlieschen-Pärchen wurden an die hundert – Bitterlinge, Stichlinge und die Muscheln verschwanden aber.

Der Bachlauf war nach einem Jahr bereits ganz fantastisch eingewachsen. Wiesen-Schaumkraut blühte und die gewieften Gehölze – allen voran eine Haselnuss – ließen die Wurzeln ganz still und heimlich über den Rand der Folie in das Bachbett wachsen. Und nun ist es an heißen Sommertagen so, dass beim Bachursprung zehn

Mit alten Kübeln und Töpfen, die verkehrt herum aufgestellt werden, schafft man einen großen Wasserspeicher und legt so den Grundstein zum Moor.

Liter Wasser einlaufen und unten höchstens fünf Liter in den Teich zurückfließen. Im übrigen erwärmt sich das Wasser durch den Bachlauf so stark, dass all dies der Biologie schadet. Daher ist dieser Bachlauf zu einer Attraktion für ein paar Stunden geworden. Auf Knopfdruck – wenn Besucher kommen.

Bach und Teich sind längst zu einer Einheit verwachsen - auch wenn es zu Beginn viele Sorgen rund um die Naturoase gab. Aufgrund des geringen Schattens vermehrten sich in den ersten drei Jahren die Algen explosionsartig. Noch dazu wurden durch das leicht abfallende Grundstück und den Bachlauf immer wieder Nährstoffe eingeschwemmt, und so probierte ich alles, was es an Tipps von Firmen und Freunden gab. Dazu noch Algenabfischen als täglicher Abendsport – nichts änderte sich. Bis zu dem Tag, an dem ich mir, wie so oft in meinem Gärtnerdasein, ein Vorbild an der Natur nahm: Die Tümpel der Umgebung waren alle kristallklar und kein Mensch entfernte Laub, schnitt verwelkte Seerosenblätter ab oder ähnliches. Also überließ ich meinen Teich der Natur und siehe da – plötzlich war das Wasser glasklar. Die Pflanzen begannen zu wuchern, bis ich nach 11 Jahren einen Teil davon entfernen musste. Schilf, Binsen und Seerosen haben das Biotop verlanden lassen. So entfernte ein lieber Landschaftsgärtner mit geeignetem Minibagger die Wurzelmasse – etwa ein Drittel des Bewuchses. Und das war fast ein Lkw voll! Trotzdem war im Jahr danach das Wasser wieder klar, denn die restlichen Pflanzen sorgten für den nötigen Nährstoffabbau. Treten einmal Fadenalgen auf, die ich mir durch neue Pflanzen eingeschleppt habe, heißt es abfischen und wieder Geduld zeigen. Die Natur sorgt für den Ausgleich.

Ein neuer Traum – das Moor im eigenen Garten

Es gibt Zufälle im Leben! Moorlandschaften haben mich schon immer begeistert. Dieses unbändige Leben in einer völlig unwirtlichen Umgebung, die Fleisch fressenden Pflanzen. Dieser federnde Boden. Bei einem Schulausflug hatte mich der Biologieprofessor, einer der „Mitauslöser" meiner Pflanzenleidenschaft, für den Sonnentau begeistert. Seither suchte ich immer wieder in solchen Mooren nach diesen Pflanzen.

Probeweise hatte ich sogar auf meinem Linzer Balkon mit Venusfliegenfallen und Schlauchpflanzen aus einem Gartencenter ein Minimoor in einer Plastikwanne angelegt. Allerdings nur für wenige Wochen. Ein verlängertes Badewochenende überlebten die Sumpfpflanzen nicht – sie trockneten aus.

Zu jeder Jahreszeit haben Moor und Teich ihren Reiz – im Frühjahr blühen die Orchideen im Moor (unten links), später kann man die Fleisch fressende Venusfliegenfalle erspähen.

...KLITZEKLEINES MO

Und so kam Zufall Nummer zwei. In einer Buchhandlung in Wien, in der ich immer gerne im Regal der Gartenbücher schmökerte, fiel mir ein Buch auf: „Das Moor im eigenen Garten" von Erich Maier. Sofort begann ich zu träumen. Eine Schulung in Wien, der eigentliche Grund für den Aufenthalt, wurde zum „Traumseminar": Immer wieder dachte ich an die Bilder in dem Buch, auf denen sich ein einfacher Folienteich zu einer fantastischen Moorlandschaft wandelte.

Daheim angekommen begutachtete ich sofort mögliche Plätze dafür. Zuerst geheim, denn ich wusste: Meine Frau wird damit keine Freude haben. Etwas später erst die „Einberufung des Familienrats". Ein klitzekleines Moor doch nur .... Ergebnis: Keine Stellungnahme, was normalerweise so viel bedeutet wie: einstimmig abgelehnt. Aber ich sollte doch machen, was ich meinte, das richtig wäre. Und so fuhr eine Woche später der Minibagger auf und hob ein Loch aus, das gut zehn mal acht Meter groß war. Tiefe: rund einen Meter dreißig.

Folie und Kübel – von der ganzen Verwandtschaft – waren rasch aufgetrieben. Als der Torf kam, schien die Arbeit rasch erledigt. Doch aus drei so genannten Bigbags quoll immer mehr und mehr Torf, sodass letztlich zehn Verwandte und Bekannte zwei volle Tage schaufelten, um die Menge ins Moor zu bringen und zu verdichten. Gott sei Dank gab es diese Helfer! Da hatte ich doch jemanden, mit dem ich reden konnte. Meine liebe Ulli schwieg angesichts der Dimensionen des „kleinen" Moores.

Heute ist aber dieser Teil des Wassergartens einer der schönsten im Garten: Die Schlauchpflanzen *(Sarracenia)* strahlen in bizarrer Exotik, Sonnentau, Venusfliegenfalle (völlig winterhart!), Knabenkräuter und viele andere Orchideen sind neben ganz von selbst aufgegangenen Moorbewohnern wie Moosbeere und vielen Farnen zu finden. Langsam – nach vier Jahren – beginnt das *Sphagnum*, das Torfmoos, zu wachsen. Die Grundlage für die eigene Torffabrik. Bei Erich Maiers Mooren war es gut 30 bis 40 cm stark – aber das dauert noch. Und übrigens: das Schweigen meiner Frau hielt knapp eine Woche an. Länger halten wir es beide nicht aus.

unten: *Sarracenia purpurea* – die Braunrote Schlauchpflanze.
rechts: Der Sonnentau *(Drosera)* hatte Jagderfolg: So holt er sich die im Moor fehlenden Nährstoffe.

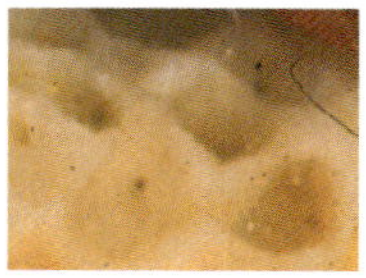

OR…

TEICH

SCHWIMMPFLANZEN

*WUCHERN!!

- Teichlinse*
- Laichkraut
- Seekanne
- Seerose
- Tannenwedel
- Wasserpest*

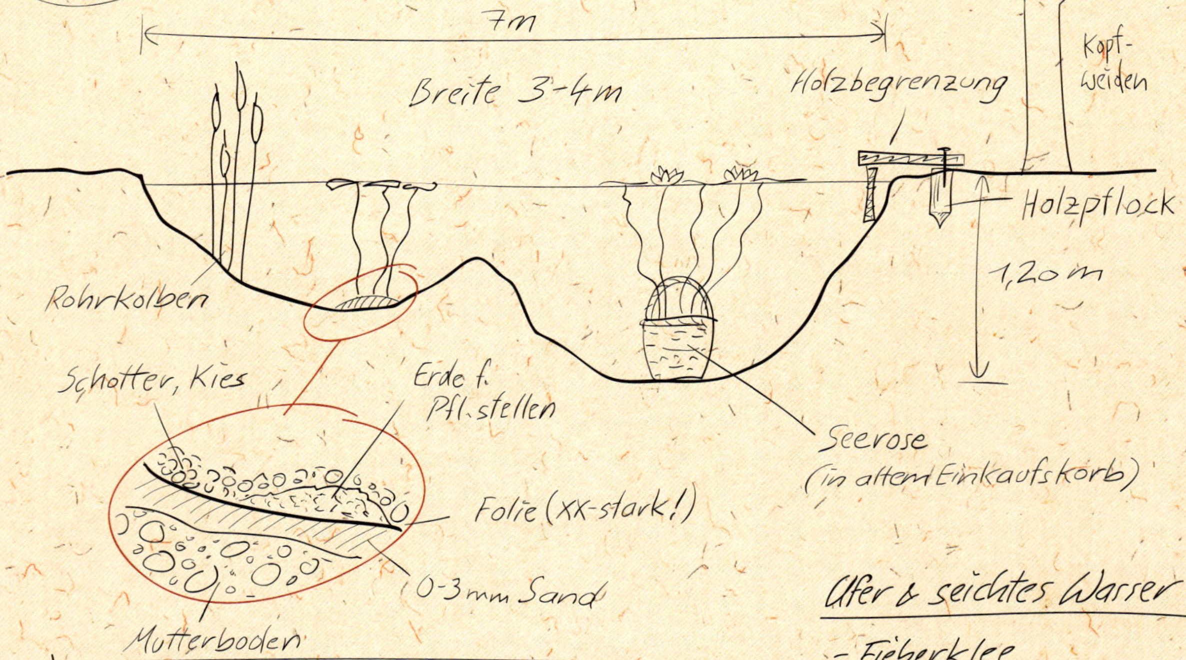

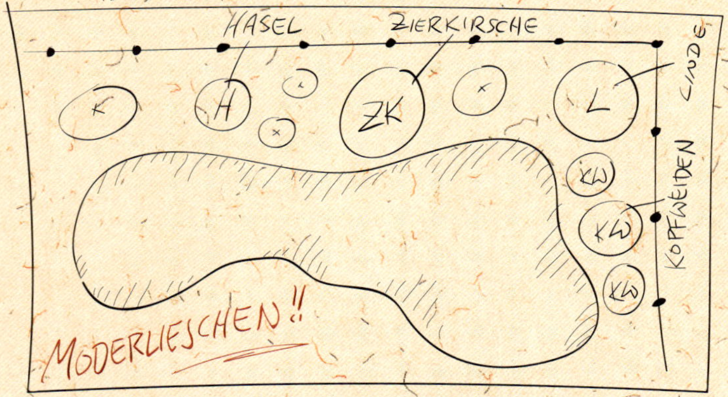

BIS 50 CM & MEHR WASSERTIEFE:

- Rohrkolben
- Hornblatt
- Froschbiss
- Wassernuss
- Wasserschlauch

Ufer & seichtes Wasser:

- Fieberklee
- Gauklerblume
- Sumpfdotterblume
- Vergissmeinnicht
- Wollgras
- Wasserschwertlilie
- Schilfrohr
- Froschlöffel
- Sumpfcalla
- Wasserknöterich
- Wasserhahnenfuß

Aus dem Leben eines Gartenteichs

Rechtzeitige Planung ist alles, deshalb sollten schon beim Hausbau auch die groben Erdarbeiten erledigt werden. Erde zu schaufeln und zu transportieren ist Schwerstarbeit. Deswegen werden viele Teiche während des händischen Bauens immer kleiner – die Mühe für einen größeren und tieferen Teich ist zu groß. Wichtigster Grundsatz: Je intensiver man Teiche und Tümpel in der Natur beobachtet, desto erfolgreicher wird man bei der Planung und Errichtung eines Gartenteichs sein.

1. **Teiche sollten im Halbschatten liegen.** Nur so können übermäßige Erwärmung und damit ungezügeltes Algenwachstum abgewehrt werden.
2. **Denken Sie beim Standort an die Tiefe des Teichs und die flachen Ufer.** Sie werden beim Skizzieren schnell feststellen, dass selbst ein „Minisee" viel Platz in Anspruch nimmt, wenn er möglichst naturnah angelegt wird.
3. **Füllen Sie Sand als Schutzschicht ein, bei sehr steinigem Boden auch Geovlies.** So ist der beste Schutz für die Folie gegeben. Das spart später viel Mühe und Ärger, wenn ein Leck gesucht werden muss.
4. **Kies, grober Schotter und große Steine sind das Füllmaterial.** Verwenden Sie keine oder wenigstens kaum Erde. Eventuell an den Pflanzstellen fertige Teicherde einbringen.
5. **Bepflanzen Sie den Teich möglichst vielfältig und naturnah.** Zumindest eine Seite des Teichs darf ein wenig „wilder" aussehen und einen Übergang zu Blumenwiesen oder einer Wildsträucherhecke bilden.
6. **Befüllen Sie den Teich wenn irgendwie möglich mit Regenwasser.** Lässt sich das nicht machen, dann Leitungswasser beinahe drucklos einfüllen, damit nicht zu viele Schwebstoffe aufgewühlt werden.
7. **Überlassen Sie den Teich sich selbst.** Nur ganz große Algenteppiche werden abgefischt, der Rest verschwindet mit zunehmendem Pflanzenwachstum. Die Natur heilt mehr, als wir Menschen denken!

TEICHFOLIE AUSMESSEN

Die Teichfolie sollte erst nach dem Ausheben der Grube bestellt werden. An der breitesten und längsten Stelle wird eine Schnur exakt nach der Bodenform in den späteren Teich gelegt. So kann die Bodenform leicht berechnet werden. Als Überstand zählt man einen halben Meter je Seite hinzu.

Tiere für den Teich

Viele Tiere wie Libellen sind schon nach einigen Stunden am neu entstandenen Wasser. Die nützlichen Wasserschnecken werden meist mit den Pflanzen eingeschleppt, Frösche warten nur darauf, die neue „Eigentumswohnung" beziehen zu können. Goldfische sollten niemals in einen Gartenteich eingesetzt werden. Sie fressen nicht nur Froschlaich, sondern verursachen durch ihre Ausscheidungen meist starkes Algenwachstum.

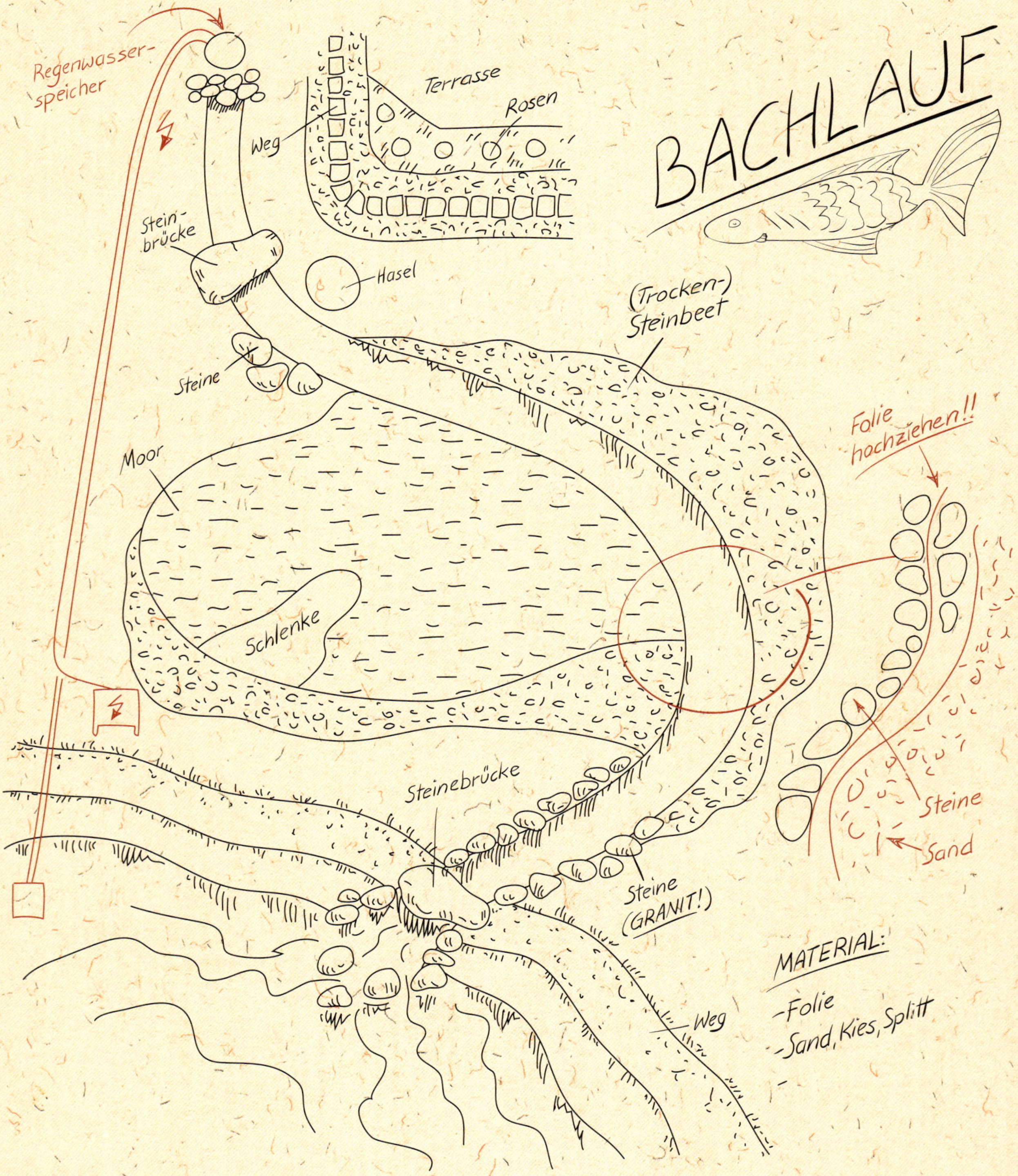
BACHLAUF
Regenwasser-
speicher
Weg
Terrasse
Rosen
Stein-
brücke
Hasel
(Trocken-)
Steinbeet
Steine
Moor
Schlenke
Folie
hochziehen!!
Steine
Sand
Steinebrücke
Steine
(GRANIT!)
Weg
MATERIAL:
-Folie
-Sand, Kies, Splitt

Ein künstlicher Bach

Selbst wenn nur ein minimales Gefälle vorhanden ist, kann man bereits einen Bach anlegen. Überlegungen zu Beginn sollten sein, ob der Bach etwas „verbindet" oder den Garten „teilt". Verbinden kann ein kleines künstliches Bächlein zum Beispiel den Überlauf eines (vergrabenen) Regenwasserspeichers mit dem Gartenteich. Trennen kann ein Bach einen formalen Gartenteil von einem naturnäheren Bereich.

1. **Bach an einer Stelle planen, die ein leichtes Gefälle hat.** Zu wenig Gefälle ist besser als zu viel.
2. **Legen Sie einen künstlichen Bach nie schnurgerade an.** Leichte, aber nicht unmotivierte Mäander wirken besonders naturnah. Platzieren Sie an diesen Stellen später größere Steine oder pflanzen Sie dort Gehölze, die eine Abzweigung begründen.
3. **Das Bachbett darf nie zu tief sein.** Je weniger Wasser gepumpt wird, desto flacher sollte es angelegt werden.
4. **Verlegen Sie die Strom- und Pumpleitungen immer neben dem Bachlauf.** So können Sie im Falle des Falles repariert werden, ohne den Bachlauf zu zerstören.
5. **Als Untergrund verwenden Sie feinen Sand, darauf kommt die gut verschweißte Folie.** Bevor Sie mit dem Abdecken der Folie mit Steinen beginnen, machen Sie einen Probelauf mit dem Gartenschlauch. Das erspart später Ärger und Mühe.
6. **Die „Quelle", also das Zuflussrohr, sollte gut versteckt unter einem Stein liegen.** Der Bach kann entweder in einem Fass oder im Gartenteich enden.
7. **Legen Sie zuerst die großen Steine als Begrenzung des Bachlaufs auf.** Später füllen Sie dann mit Kies, kleinen Steinen und Sand auf.

Quelle und Mündung

Um einen möglichst naturnahen Eindruck zu vermitteln, sollte der Zufluss im Bereich eines Steins versteckt werden. Je geringer der Druck in der Zuflussleitung, desto besser. Bei besonders starken Pumpen sollte man das Wasser zuerst in einen kleinen Teich leiten. Bei der Mündung hat sich ein großes Wasserfass bewährt, das bodeneben vergraben wird. Ein starkes Gitter als Abdeckung wird mit Steinen bedeckt. Im Fass befindet sich dann die Pumpe und im Idealfall eine automatische Wassernachfüllung (wie im WC-Spülkasten).

PFLANZEN BEIM BACH

Als größere Gehölze stehen bei mir eine Haselnuss und mehrere alte Rosen. Gehölze neigen dazu, ihre Wurzeln nach einiger Zeit in das Bachbett zu leiten. Denn dort gibt es selbst im Hochsommer ausreichend Feuchtigkeit. Im Laufe der Jahre haben sich im Umfeld Schlüsselblumen, Leberblümchen, Schneeglöckchen und Zyklamen angesiedelt. Im Bach selbst säe ich ab und zu Brunnenkresse aus.

MOOR

IM EIGENEN GARTEN

→ immer altes (Herbst)-Laub entfernen (wäre Nährstoff-Lieferant)

→ regelmäßig Weiden, Birken u. Ahorn-Sämlinge ausreißen

→ Teile des Moores ab u. zu freilegen
⇒ Sonnentau wächst wieder (braucht absoluten Sonnenplatz ohne Pflanzen-Konkurrenz)

→ Moorgehölze (Birke, Lärche, ...) durch Schnitt klein halten

→ ab u. zu groben Torf aufstreuen
⇒ unbewachsene Flächen

Pflege – ganz wichtig

LAGE

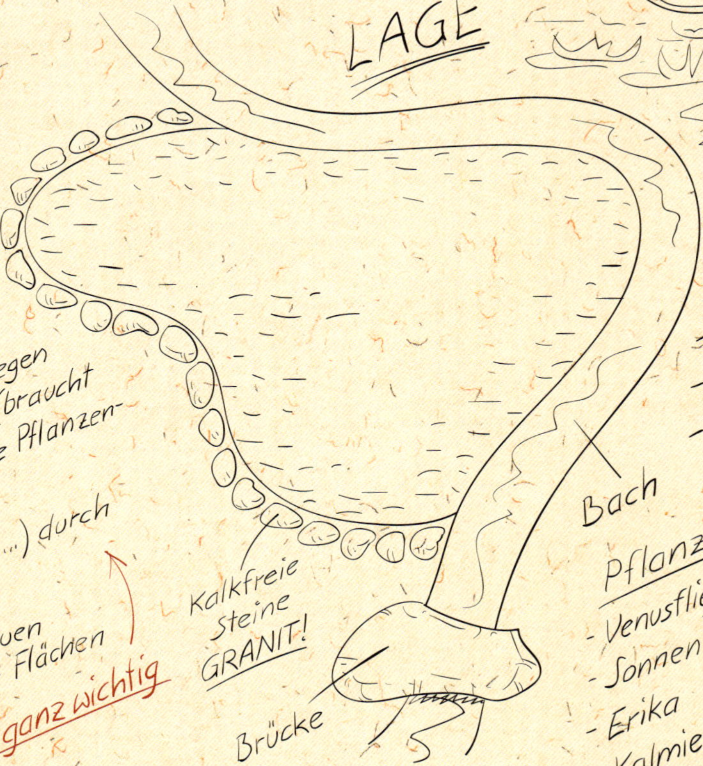

ORCHIDEEN:

- Cypripedium
- Dactylorhiza
- Epipactis

Pflanzen:

- Venusfliegenfalle
- Sonnentau "Drosera"
- Erika
- Kalmie

Sumpfgladiole!!

AUFBAU:

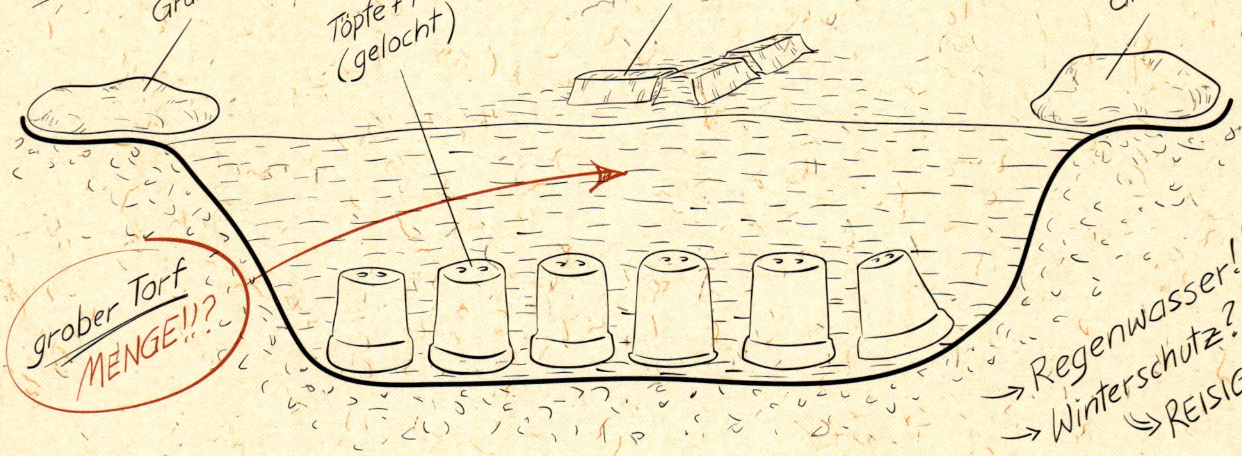

→ Regenwasser!!

→ Winterschutz?
⇒ REISIG

Das Moor im eigenen Garten

Nicht alltäglich aber besonders eindrucksvoll ist ein Moor im eigenen Garten. Anzulegen ist es zu Beginn wie ein Gartenteich. Liegt die Folie einmal in der gut einen Meter tiefen Mulde, dann muss mit alten Kübeln und Töpfen, die verkehrt herum aufgestellt werden, ein möglichst großer Wasserspeicher geschaffen werden. Moore „wachsen" nicht von heute auf morgen. Hilft der Gärtner ein wenig mit, dann kann ein naturnahes Paradies nach drei bis vier Jahren entstehen.

1. **Wählen Sie den sonnigsten Platz**. Achten Sie darauf, dass später kein Oberflächenwasser in das Moor gelangt.
2. **Je tiefer ein Moor angelegt ist, desto stabiler wird es**. So übersteht diese Naturoase ohne Gießen selbst lange Trockenperioden.
3. **Als Wasserspeicher eignen sich neben alten Eimern auch große Blumentöpfe**. Die Gefäße werden umgekehrt auf den Folienboden gestellt. Alle müssen gut gereinigt sein und der Boden der Kübel und Töpfe muss durchlöchert sein, damit sie sich mit Wasser füllen.
4. **Als Substrat eignet sich besonders grobfasriger Torf**. Je mehr Kübel sich darunter befinden, desto weniger Torf wird benötigt.
5. **Torf gut mit Regenwasser anfeuchten und feststampfen**. Besonders in den Zwischenräumen zwischen den Kübeln muss der Torf stark verdichtet werden. Später wird hier wie bei einem Löschpapier das Regenwasser hochgesogen.
6. **Moore werden mit absolut kalkfreiem Wasser befüllt**. Daher am besten auf natürlichen Niederschlag warten.
7. **Bepflanzen Sie schrittweise und nur mit den passenden Pflanzen**. Niemals Pflanzen aus der Natur entnehmen. Sie wachsen meist nicht. Holen sie die Moorgewächse aus Spezialgärtnereien.

Venusfliegenfalle *(Dionea muscipula)*, Schlauchpflanzen *(Sarracenia)*, Rundblättriger Sonnentau *(Drosera rotundifolia)*, Glocken-Heide *(Erica tetralix)*, Sumpf-Siegwurz *(Gladiolus palustris)*, Großfrüchtige Moosbeere *(Vaccinium oxycoccus)*, Lorbeerrose *(Kalmia polifolia)*, Sumpf-Porst *(Ledum palustre)*, Gagelstrauch *(Myrica gale)*, Frauenschuh *(Cypripedium)*, Fingerknabenkraut *(Dacytlorhiza majalis)*, Sumpf-Stendelwurz *(Epipactis palustris)*

PFLEGE DES MOORS

Im Prinzip benötigt das Moor über viele Wochen keine Pflege. Es darf weder gegossen noch gedüngt werden, der Boden darf nicht gelockert werden und gepflanzt wird einmal und dann für Jahre nicht mehr. Einzig das Beseitigen der Sämlinge von Birke, Weide, Ahorn und Blutweiderich zweimal im Jahr macht Mühe.

BLÜTEN, FARBEN

BLÄTTER & PRACHT

Was wäre ein Garten ohne Blüten? So schön grüne Beete mit Buchs und Eibe, mit Lorbeer und Gräsern auch sein mögen, irgendwann fehlen selbst dem puristischen Gärtner die Blüten. In Gelb, Rot, Weiß oder bunt gemischt. Die Natur sollte sich gerade im eigenen Paradies von ihrer schönsten Seite zeigen. Und so sind Blütenstauden das Ziel jedes Gärtners – denn Hand aufs Herz: Gibt es einen schöneren Blumenstrauß als jenen, den die Natur zusammengestellt hat?

Blüten gehören in jeden Garten: Hier wetteifern Dahlien und Spinnenpflanzen.

Und ewig ruft die Blütenpracht

Zweimal in meinem Gärtnerleben habe ich bewusst so etwas wie nervöse Vorfreude erlebt. Das erste Mal Ende der 80er-Jahre, als ich auf Vermittlung eines Verlages einen Interviewtermin bei Marie-Luise Kreuter bekam. Ihr Buch („Der Biogarten") galt für mich als die Bibel unter den Gartenbüchern. Und so entstand in meiner Fantasie ihr Gartenparadies, das, so war ich überzeugt, unerreichbar sein würde. Ein Garten voller Blüten, ein Garten, in dem es duftet, ein Garten mit Gemüse und Obst wie im Schlaraffenland.

Blüten über Blüten!

An jenem Märztag eilte die Fantasie mehrere Wochen voraus. Der Garten lag noch in stiller Vorfrühlingsfreude. Immerhin lag das Paradies von Marie-Luise Kreuter im Bergischen Land auf gut 400 Metern Seehöhe. Wo waren sie nur, die üppigen Staudenbeete eines Bauerngartens, von denen ich

unten: Und das ist ein Sieger auf allen Fronten: *Allium* 'Globemaster' – der Zierlauch mit Blüten, so groß wie ein Kinderkopf!
ganz unten: Blüte einer Pfingstrose *(Paeonia)*

träumte? Wo die Düfte? Und wo das Gemüse? Marie-Luise Kreuter erkannte sofort die suchenden Augen – und so malten wir gemeinsam an diesem Gartenbild. Als ich einige Monate später wieder vorbei kam, war aus dem Traum schon Wirklichkeit geworden. Die kleinen Schneeglöckchen und Narzissen hatten üppigstem Blühen Platz gemacht. Kräuter dufteten und Salatköpfe zeigten sich in voller Größe. Staudenbeete sind fürs ganze Jahr, auch wenn sie erst ab dem Frühsommer ihre größte Pracht zeigen: Blüten in allen Farben, in Höhen abgestuft, vom zeitigen Frühling (Blumenzwiebeln) bis zum späten Herbst (Astern).

Zum zweiten Mal trat Vorfreude gepaart mit einer gewissen Aufgeregtheit ein, als ich meine erste Garten-Gruppenreise nach England unternahm. Damals hatte ich die Reiseroute noch von einem britischen Reisebüro zusammenstellen lassen. Natürlich mit den auch bei uns bekannten und in Büchern und Gartenmagazinen bewunderten Gärten wie Sissinghurst, Great Dixter und Co. Also ging es mit 30 ebenso neugierigen Gartenfreunden mit dem Flugzeug nach London. Die Busfahrt aufs Land war dann fast so wie der erste Schulausflug in der Volksschule. Wie groß werden diese Gärten wirklich sein? Werden wir uns dort nicht verlieren? Habe ich mit mei-

...DIE FÜLLE DER BLU

Eintauchen in die Sortenvielfalt: Bei Pfingstrosen ist die Auswahl schier unendlich!

nen 30 Filmen genug mit zum Fotografieren? Und: Sind die Staudenbeete tatsächlich so gewaltig wie in den Büchern beschrieben?

Mein Vorbild: England

Great Dixter war die erste Station. Das alte Gartentor öffnete sich – Sir Christopher Lloyd begrüßte uns – und dann öffnete sich das Paradies. Staudenbeete – die mixed borders, von denen in den englischen Büchern immer zu lesen ist. Aber noch viel beeindruckender die bunten Blumenwiesen. Nicht bloß wie bei uns mit Wiesenkräutern, sondern mit Blumenzwiebeln wie Tulpen, Narzissen und Camassien. Das war absolut neu für mich. Solche Zwiebelblumen pflanzte

TEN...

Hyazinthen werden von Jahr zu Jahr natürlicher im Wuchs.

ich bisher nur in Blumenbeete, aber niemals in eine Wiese! Mit ihnen aber wird aus der Blumenwiese fast ein Staudenbeet.
Doch zurück zu den mixed borders. Das „Große Staudenbeet" ist und bleibt mein Vorbild. Auf geschätzten 100 Metern und in einer Breite von gut fünf Metern stehen da die Blüten in einer beeindruckend gekonnten Kombination. „Ich lasse meine Pflanzen dort wachsen, wo sie wachsen wollen", sagte Sir Christopher Lloyd bei allen meinen Besuchen, die ich ab diesem Zeitpunkt in Great Dixter absolvierte: Rittersporne, Lupinen, Vergissmeinnicht, Stauden-Clematis, auf kleinen dazwischen gepflanzten Bäumen klimmende Waldreben, überall immer wieder Blumenzwiebeln (es war ja noch Frühling) und - Gemüse mit Zierfunktion! In den Pflasterritzen davor Königskerzen, Spornblumen, Vexiernelken und dichte Polster aus Thymian. War das wirklich alles in einem Garten? Oder hat meine Fantasie wieder einmal Eindrücke vermengt und aus verschiedenen Erinnerungen einen einzigen Garten gemacht? Ja, aber warum auch nicht? Mein Garten ist schließlich die bunte Ideen-Sammlung aus vielen Traumreisen zu den schönsten Staudenbeeten.

„Steinreich" und doch voller Blüten

Bleiben wir am Kontinent. Lehrmeister im Anlegen schöner Staudenbeete waren für mich zwei Staudengärtnereien in Ort im Innkreis: Feldweber und Kreß. Beide können als Pioniere in der österreichischen Staudengartenkultur angesehen werden. Dazu in Deutschland so bekannte Namen wie Dieter Gaißmayr oder Alpine Stauden Peters. Überall konnte ich nicht nur schöne Beete bewundern, sondern auch viele Ideen mitnehmen. In Holland der für seine Gräser bekannte Staudenbetrieb von Piet Oudolf. Und viele mehr ....

Für mich waren diese verschiedenen Gärtnereien meine Vorbilder. Was hatte ich nicht alles über Kiesgärten gelesen! Erst als ich sie zum ersten Mal bei Beth Chatto in England sah und dann bei Christian Kreß in Ort im Innkreis, war mir klar, dass diese Beete keineswegs ganze Gärten umfassen müssen, sondern auch in

rechts: Stink-Nieswurz *(Helleborus foetidus)* wird viel zu selten gepflanzt.
unten: Frühling! Blüten an allen Ecken und Enden. Die pünktlichsten Blüher sind die Zwiebelblumen – Narzissen gehören zu meinen Favoriten.

kleinen Teilbereichen wachsen. Darüber jedoch mehr im Kapitel über die Trockenbeete.

Rosemary Very

Zurück zum Staudenbeet in meinem Garten. Sie kennen nun die Mütter und Väter meiner Pflanzeuphorie, nicht jedoch die Auslöser jener „Infektion" – die Bücher: An die 2000 Gartenbücher stehen in meiner Bibliothek und Woche für Woche werden es mehr. Sammeln hat man eben im Blut – ob im Garten oder im Buchregal. Besonders liebe ich das mittlerweile vergriffene Buch der großen Lady des britischen Gartenbaus, Rosemary Very: „Mein Traumgarten entsteht". Sie beschreibt darin ihren Garten, ihre Ideen und vor allem die Pflanzungen. Dreimal habe ich den Garten von Rosemary Very besuchen können. Trotz ihrer Bekanntheit und ihres hohen Ansehens – selbst Prinz Charles ließ Teile seines Gartens von ihr planen – nahm sich die betagte Gartenliebhaberin immer sofort Zeit für ein Gespräch. Ihre Beete schweben förmlich im Garten. Mit selbstverständlicher Leichtigkeit fügen sich die Stauden ein. Beim zweiten Besuch war eine große Reisegruppe mit dabei. Auch damals schilderte sie ihre ganz persönlichen Grundregeln des Gartengestaltens: Blickpunkte schaffen, Blickachsen errichten. Regeln, die ich dann in mei-

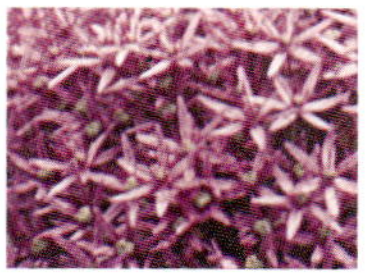

Spätsommer im Garten: „Georginen" nannte mein Vater die Dahlien, die Jahr für Jahr bis zum Frost blühen.

nem Garten versucht habe zu beachten. Der dritte Besuch war von Traurigkeit überschattet. Rosemary Very war einige Monate zuvor verstorben und ihr Haus und Garten standen zum Verkauf. An diesem Tag war Abverkauf. Eine kleine Pflanze habe ich damals erworben ....

Gärten sind eben nicht für die Ewigkeit geschaffen, Gärten leben, Gärten verändern sich. Und das ist auch gut so. Blumenbeete sind jedes Jahr ein wenig anders. Manches gedeiht in

...VERÄNDERUNG...

einem sehr trockenen, warmen Jahr besser. Anderes in einem kühlen, regenreichen Jahr. Mein großes Staudenbeet hat deshalb fast immer wieder ein völlig neues Aussehen. Wohl auch deshalb, weil viele der Pflanzen erst nach einiger Zeit des Einwachsens so richtig an Größe gewinnen.

Staudenbeete sind Beete für intelligente Faule. Sind sie einmal angelegt, hat man mit ihnen viel weniger Arbeit als mit Beeten, die mit einjährigen Sommerblumen bepflanzt wurden. Ist der Boden gut vorbereitet, dann genügt es, wenn man die Stauden im Herbst etwas zurückschneidet und Kompost aufbringt.

Staudenbeete richtig planen

Ein Ratschlag aus meinen Vorträgen: Planen Sie die Staudenbeete. Machen Sie Skizzen. Überlegen Sie, welche Pflanze an welchen Standort passt. Nur die richtige Pflanze am richtigen Standort schafft die Grundlage für

Die Sonnenblumme *(Helianthus annuus)* ist eine meiner Lieblingsblumen.

einen Garten für intelligente Faule .... Doch dann stehe ich in einer Gärtnerei und meine Gier wird immer größer! Bis der Einkaufswagen die Beute nicht mehr fasst, bis der Kofferraum (trotz Kombi!) voll ist. Jedes Jahr im Frühjahr passiert es. Und jedes Jahr nehme ich mir vor, dass ich mich an meine eigenen Ratschläge halten werde.

Daheim hängt dann der Haussegen (leicht) schief, weil ich doch meiner Frau versprochen habe, nichts mehr zu kaufen. Dann die Erklärungsversuche ... da sind doch die vielen Narzissen in den Beeten, deren Blätter man keinesfalls vor dem völligen Vergilben abschneiden darf! Durch die nun erworbenen Pflanzen können sie

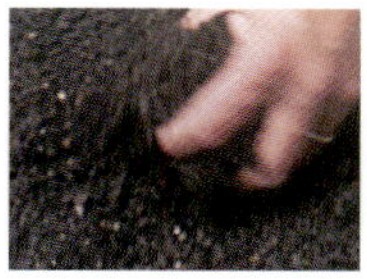

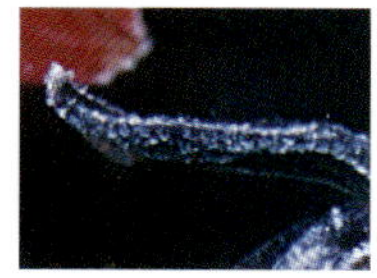

perfekt umpflanzt und verdeckt werden. Oder die Unterpflanzung der Bäume! Gesehen in England – auch hier lassen sich doch noch Miniblumenbeete anlegen – fast wie ein Nachwuchsstaudenbeet.

Meine Staudenbeete sind – die Besucher meiner Vorträge mögen es mir verzeihen – fast alle durch Zufall entstanden. Freilich kenne ich Vorlieben, Wuchseigenschaften und Blühzeitpunkte vieler Pflanzen. Das Gesamtbild des Beetes kam erst mit den Jahren zustande. Vieles wuchs zu gewaltig, um in einem nur 10 x 4 Meter großen Beet Platz zu finden. Alleine der Federmohn, den ich in einem Garten in bescheidener Größe von knapp eineinhalb Metern gesehen hatte, wuchs bei mir mehr als drei Meter hoch. Und sein Ausbreitungsdrang war gigantisch. Selbst in fünf Metern Entfernung vom Hauptwurzelstock erschienen im Laufe der Jahre seine Ausläufer.

Der Auftakt zum Blühen: Mehrblütige Tulpen und die ersten Blätter der Funkien *(Hosta)* (unten links). Tulpen stehen bei mir geschützt, denn die Wühlmäuse haben sie zum Fressen gern.

Humusreiche Erde ist die Grundlage für gesundes, kräftiges Wachstum. Kompost verbessert den Boden nachhaltig.

Flotte Blüher als Lückenfüller

Was würde ich ohne meine geliebten Schmuckkörbchen machen! Meine Kosmeen, die ich als Mitglied der Britischen Gartenbaugesellschaft aus dem Gratis-Samenversand erhielt, füllen alljährlich den verbleibenden Raum zwischen den Stauden und Dahlien auf und erreichen eine unbeschreibliche Größe. Dank ihrer Vermehrungsfreude kommen diese Sommerblumen nun an allen Ecken und Enden des Gartens aus dem Boden. Einmal größer, einmal kleiner – ganz wie die Nährstoffversorgung es zulässt.

Staudenbeete sind nicht für die Ewigkeit, sie unterliegen ständigen Veränderungen, werden in einem Jahr schöner sein als in einem anderen. Manche Pflanzen werden ganz verschwinden. Ursachen dafür kann ganz einfach Überalterung sein, oder es war die Wühlmaus, die sich bei mir im Garten zum eigentlichen „Head Gardener" entwickelt hat. Gewisse Gewächse haben keine Chance – außer man

pflanzt sie in große Tontöpfe (ab 40 cm Durchmesser) oder Gitterkörbe. Viele hunderte Euro waren die Pflanzen wert, die in den Mägen der gefräßigen Gäste aus dem Untergrund gelandet sind. Interessanterweise aber immer nur die Pflanzen, die besonders selten und teuer sind ....

unten: Akeleien versamen quer durch den Garten, manchmal entstehen neue Farbkombinationen.
unten rechts: Taglilien *(Hemerocallis)* blühen unermüdlich, doch jede Blüte nur für einen Tag.

Der Boden – die Grundlage

Bleibt nur noch eines zu erwähnen: Das Wichtigste bei der Vorbereitung der Staudenbeete ist die Bodenvorbereitung. Nur wer die Erde bis in eine Tiefe von zumindest 40 bis 50 cm lockert, mit Sand, Kompost und Dünger versorgt, wird entsprechendes Wachstum vorfinden. Dazu kommt noch das jährliche Mulchen mit Kompost und Rindenhumus (verkompostierter Rinde) oder einer Holzfaser, die mit feinem Pinienmulch vermischt ist. Als Dünger gibt es bei mir alljährlich einen organischen Langzeitdünger („Oscorna animalin“ oder „Neudorff Gartendünger“). Beide beleben den Boden bis in große Tiefen und lassen die Stauden wachsen und wachsen und wachsen ....

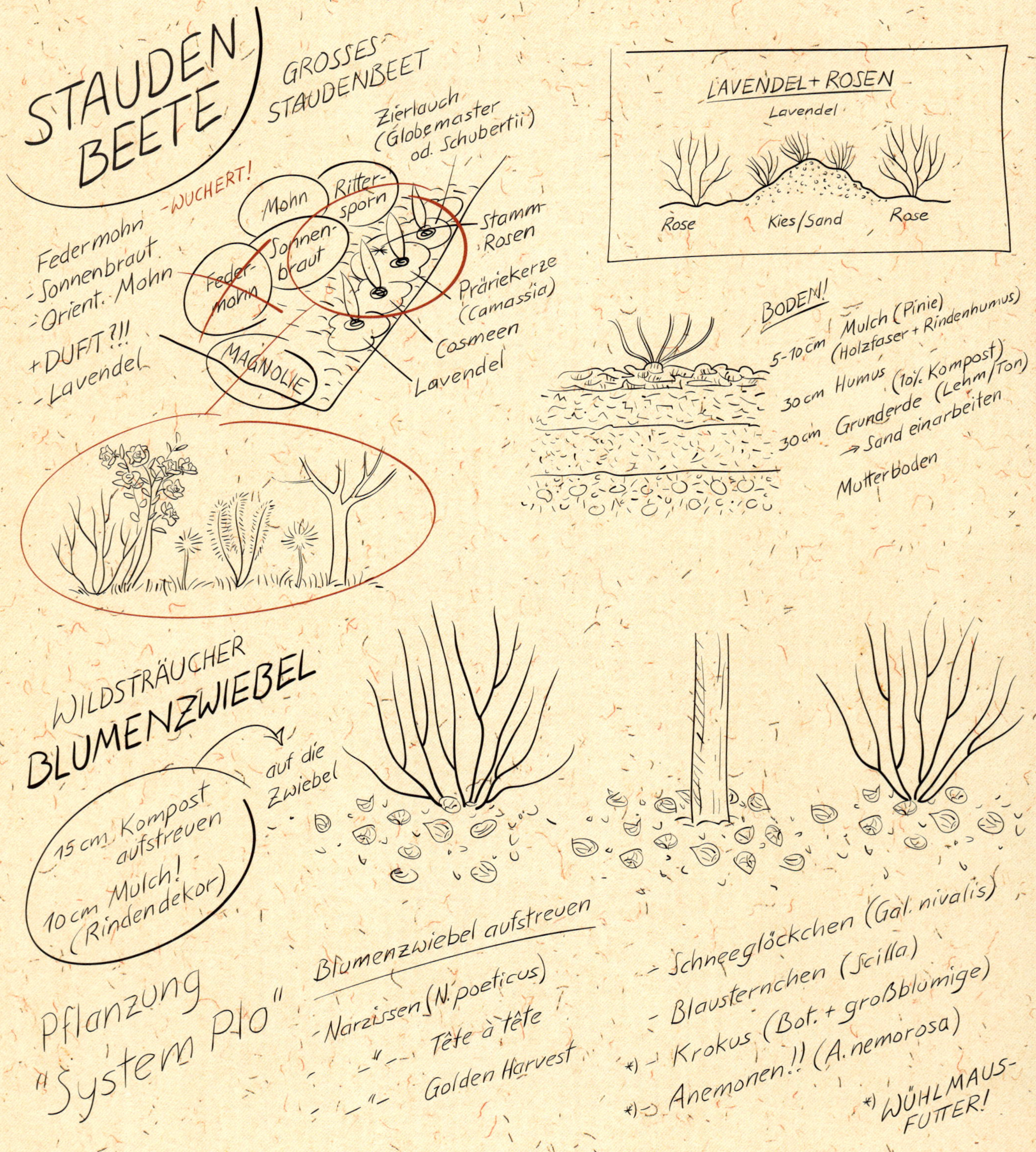
STAUDEN BEETE
GROSSES STAUDENBEET
Zierlauch (Globemaster od. Schubertii)
Mohn
Ritter-sporn
Sonnen-braut
Feder-mohn
MAGNOLIE
Stamm-Rosen
Präriekerze (Camassia)
Cosmeen
Lavendel
-WUCHERT!
Federmohn
-Sonnenbraut
-Orient. Mohn
+DUFT?!!
-Lavendel
LAVENDEL+ROSEN
Lavendel
Rose
Kies/Sand
Rose
BODEN!
5-10cm Mulch (Pinie) (Holzfaser + Rindenhumus)
30 cm Humus (10% Kompost)
30 cm Grunderde (Lehm/Ton)
→ Sand einarbeiten
Mutterboden
WILDSTRÄUCHER
BLUMENZWIEBEL
auf die Zwiebel
15 cm Kompost aufstreuen
10 cm Mulch! (Rindendekor)
Pflanzung "System Plo"
Blumenzwiebel aufstreuen
- Narzissen (N. poeticus)
- "- Tête à tête
- "- Golden Harvest
- Schneeglöckchen (Gal. nivalis)
- Blausternchen (Scilla)
*) - Krokus (Bot. + großblumige)
*) - Anemonen!! (A. nemorosa)
*) WÜHLMAUS-FUTTER!

Blüten für viele Jahre

Staudenbeete zählen zu den schönsten Blumenbeeten in einem Garten. Richtig angelegt blühen sie jedes Jahr immer üppiger. Stauden haben nichts mit den Sträuchern zu tun, die landläufig oft als „Staude" (z.B. Hollerstaude) bezeichnet werden. Zu den Stauden gehören krautige, reich blühende Pflanzen wie Rittersporn oder Lupine. Stauden sind Pflanzen, deren Wurzelstock überwintert, auch wenn ihre Blätter und Stängel abfrieren. Und so entstehen die schönsten Staudenbeete:

1. **Staudenbeete gibt es für jeden Boden und jede Lage.** Beachten Sie aber bei der Auswahl, ob die gewählten Pflanzen eher Sonne, Schatten, feuchten oder trockenen Boden lieben.
2. **Bereiten Sie den Boden immer gründlich vor**. Verdichtete Böden müssen zwei Spaten tief gelockert werden. Arbeiten Sie Kompost und Hornspäne, eventuell auch etwas Sand ein. Beseitigen Sie alle Wurzelunkräuter!
3. **Staudenbeete können zu jeder Jahreszeit angelegt werden**. Der Herbst ist jedoch ideal – hier kann man auch Pflanzen verwenden, die nicht im Topf stehen.
4. **Vergessen Sie nicht auf die Planung**. Stauden sollten sowohl farblich als auch der Höhe nach abgestimmt werden.
5. **Blumenzwiebeln pflanzen!** Ab dem zeitigen Frühjahr bilden sie den schönsten Auftakt für ein langes Blühen. Nach den letzten Frösten können auch Gladiolen und Dahlien ins Beet kommen und Farbe für den Spätsommer bringen.
6. **Staudenbeete werden alljährlich im Herbst mit Kompost versorgt**. So bleiben die früh austreibenden Blumenzwiebeln im Frühjahr unbeschädigt.
7. **Samen tragende Stauden bleiben den Winter über stehen**. Viele vertrocknete Stauden haben nicht nur eine Zierfunktion, sie sind auch Nahrung für die Vögel.

Lavendel und Rosen

Keine Pflanzenpartner sind so bekannt wie Rosen und Lavendel. Aber aufgepasst: Lavendel vertreibt zwar die Blattläuse bei den Rosen, benötigt jedoch im Gegensatz zu den Rosen einen sehr durchlässigen und eher trockenen Boden. Lösung dafür ist, dass die Lavendelpflanzen auf einem kleinen „Hügel" (15 – 20 cm hoch) gepflanzt werden, der viel durchlässiges Material enthält. Nach der Blüte den Lavendel stark zurückschneiden – so bleibt er kompakt.

IMMER GUT MULCHEN

Auch im Staudenbeet sollte gut gemulcht werden. Allerdings nicht mit Rindendekor, sondern mit Rasenschnitt, Rindenhumus (kompostierte Rinde) oder Piniendekor. Normale Rinde enthält nämlich Gerbsäure und bindet beim Verrotten Stickstoff. Säure und Nährstoffmangel bremsen dann das Wachstum der Stauden stark.

FRÜHLING
(Narzissen - Golden Harvest)
→ Tête à tête
GEHÖLZE
Duftgeißblatt
Lebkuchenbaum
GEHÖLZE
EINGANGS-
BEET II.
SOMMER
GEHÖLZE
Felsen-
birne
Stiefmütterchen
Traubenhyazinthen
GEHÖLZE
GEHÖLZE
GEHÖLZE
GEHÖLZE
TULPEN
IM "WÜHLMAUSGARTEN"
Cyclamen "Odorella"
lila/rosa ???
NEU-DUFT!!
Fleißige Lieschen
(Impatiens walleriana)
WEISS
20-30 cm
ca. 10-20 Tulpen
+ Humus
+ Sand
+ Hornspäne
viel Arbeit!!
max. 10 Töpfe
bodeneben
mit Mulch
bedecken!
Splitt
HASELNUSS
150 Stk.
Blausternchen
Frühlings-
knotenblume
100 Stk.
Winterling
200 Stk.
50 Stk.
Schnee-
glöckchen
30 Stk.
Cyclamen
150 Stk.
Anemonen
(A. nemorosa)
Schlüssel-
blume
15 Stk.
BACHLAUF
→ Humus +
Piniendekor
zum Abdecken!
FRÜHLINGS-
GARTEN beim
BACH!!!
→ alle Arten mischen (je 10 Stk. aber zusammen)

Im Handumdrehen ein Blütenmeer

Blumenzwiebeln sind die großen Stars im Garten. Selbst absolute Laien werden mit diesen Pflanzen große Erfolge haben. Vor allem die im Frühjahr blühenden Tulpen, Narzissen, Krokusse, die im September und Oktober gepflanzt werden, lassen im Handumdrehen einen neuen Garten in voller Blütenpracht erstrahlen. Und so wird gepflanzt:

1. **Bereiten Sie den Boden vor.** Leichtes Lockern und Einarbeiten von Komposterde und Hornspänen reicht.

> **´GLOBEMASTER`, MEIN FAVORIT**
>
> *Als einer der gigantischsten Blüher gilt die Zierlauchsorte 'Globemaster'. Dieses Allium wird im Herbst gepflanzt. Idealerweise so, dass es im Frühjahr zwischen niedrig bleibenden Stauden wie Frauenmantel hervorkommt, denn öffnen sich Ende Mai die Blüten, beginnen die Blätter schon einzuziehen. Die anderen Stauden verdecken die gelben Blätter dann. 'Globemaster' wird 80 cm hoch, ist absolut standstabil und hat tiefviolette Blüten, oft mit 20 cm Durchmesser und mehr.*

2. **Pflanztiefe** ist in etwa: 2x so tief, wie die Zwiebel hoch ist.
3. **Pflanzen Sie Narzissen so früh wie nur möglich.** Diese Zwiebeln bilden noch viele Wurzeln – so werden die Blüten schöner.
4. **Tulpen eignen sich ideal für Staudenbeete.** Pflanzen Sie immer in Gruppen von 10 – 20 Stück – so kommt es zu einer besonders eindrucksvollen Farbwirkung.
5. **Je kleiner die Blumenzwiebeln, desto besser eignen sie sich zum Verwildern:** Krokusse, Schneeglöckchen, Blausternchen und viele andere mehr kann man in einen Kübel geben, mischen und dann aufstreuen. Mit 10 cm Kompost und Mulch bedecken, und man hat für viele Jahre ein Frühlings-Blütenmeer.
6. **Auch im Rasen machen sich Blumenzwiebeln gut:** Stechen Sie ein quadratisches Stück Rasen aus, lockern Sie die Erde. Drücken Sie die Zwiebeln in den Boden und legen Sie das Rasenstück wieder darauf. Fertig sind die blühenden „Osternester". Allerdings dürfen Sie erst nach dem Gelbwerden der Blätter mähen!
7. **Blumenzwiebeln brauchen Dünger:** Sobald die Blütenknospe erscheint, mit Dünger versorgen. Niemals grüne Blätter (z. B. von Narzissen) entfernen. Erst wenn sie ganz gelb sind ist die Kraft fürs nächste Jahr gespeichert.

Tulpen im Blumentopf

Viele Gärten werden von Wühlmäusen heimgesucht. Entweder wählt man nur Narzissen – die mögen die Wühlmäuse nicht – oder man setzt die Tulpen in Töpfe mit 30 cm Durchmesser, die dann bodeneben ins Staudenbeet gepflanzt werden. Nicht auf die Drainage im Topf vergessen. Tulpen mögen keine Staunässe. Alljährlich ausgiebig düngen und die Tulpen vollständig einziehen lassen.

SCHATTENBEETE
beim Teich!!

NICHT KAUFEN WILDWUCHS → Frauenmantel (FM)

FARN?

Salomonssiegel FEUCHT

Silberkerze (Cimicifuga racemosa)

Pulmonaria (Lungenkraut)

Rodgersia

Blumenzwiebel im Schatten
↳ unter Laubbäumen bes. bewährt.
alle Frühjahrsblüher
(Sonne bis Blattaustrieb)
- Frühlingsknotenblume
- Schneeglöckchen
- Blausternchen
- Waldhyazinthen
- Anemonen (Buschwindröschen)
- Winterling! ← bes. schön u. früh!!

- Frauenmantel
- Lungenkraut (Blattzeichnung)
- Siebenkerze (DUFT!)
- Schaublatt (Rodgersia)
- Veilchen (blau + weiß)

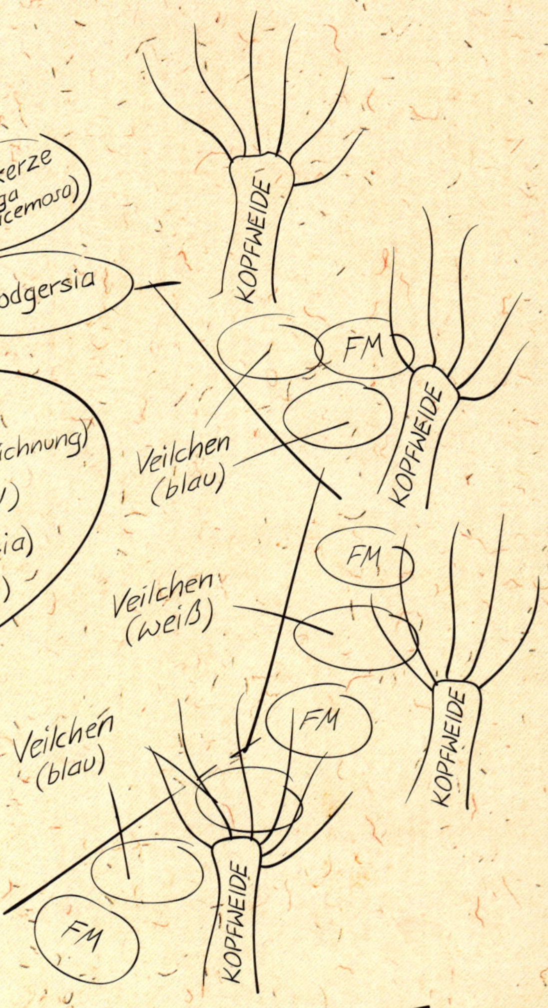

SCHATTEN (TROCKEN)

Granit

Efeu *) wächst sehr langsam

Astilbe Pum.

Felsenteller

*) wächst sehr langsam!

Bewährter Aufbau einer Mulchschicht:

1.) Frühjahr: etwas Kompost auf verbliebenes Laub
2.) etwas Holzfaser (Aktiv-Faser)
3.) Pinienmulch (extra-fein od. fein)
↳ hält lange
↳ baut Stickstoff nicht ab
↳ gibt keine Gerbsäure frei

Wo viel Licht, da viel Schatten

Für viele Gartenbesitzer ist der Schatten ein großes Problem. Ohne Sonne geht nichts, ist die landläufige Meinung. Dabei gibt es so schöne Beete für den Schatten! Egal, ob der Boden trocken ist wie oft unter Bäumen und Sträuchern, oder ob die Erde feucht ist wie beim Teich. Die Grundlagen:

1. **Nicht jammern, sondern gestalten!** Schatten ist die größte Herausforderung und es gibt viele Vorbilder in der Natur: bei einem Waldspaziergang oder einer Wanderung durch eine Au.

2. **Ob trocken oder feucht – der Boden muss gut gelockert werden**. Humus und Kompost sind die wichtigsten Zutaten. Es sei denn, es handelt sich um ein Kiesbeet – denn das gibt es auch für den Schatten.

3. **Mehr Pflege zu Beginn**. Gerade in der Startphase ist es für viele Pflanzen schwierig, sich zu etablieren. Unter Bäumen und Sträuchern ist der Wurzeldruck der Gehölze sehr groß. Hier muss der Gärtner die Neuankömmlinge mit verstärktem Gießen verwöhnen.

4. **Nicht alles muss „grün" sein**. Im Schatten ist es wichtig, auf die Blattfarben zu achten. Oftmals kommt es nicht zur Blüte und dann sind die zwei- und dreifarbigen Blätter mit hellen Blattzeichnungen ein willkommener Aspekt.

5. **Frühlingsblüte unter Laubbäumen**. Auch im Frühling sind die Möglichkeiten für die Gestaltung des „Unterholzes" besonders groß. Unter Bäumen wachsen mit Vorliebe Zwiebelblumen. Man denke nur an die Schneeglöckchen in einer Au, Blausternchen oder Leberblümchen und Veilchen.

6. **Wichtig ist der Mulch**! Unter den Bäumen bleibt oft Laub liegen. Diese Mulchdecke hat zweierlei Nutzen: Nützlinge können sich verstecken und der Boden bleibt feucht und wird humos.

7. **Trockenbeete im Schatten als Herausforderung.** Selbst steinige Flächen in weit gehendem Schatten lassen sich interessant gestalten. Als Mulch wird hier Kies verwendet.

Lichtblicke im Schatten

Wer einmal Englische Gärten besucht hat, der wird erstaunt sein, mit welcher Hinwendung die schattigen Bereiche gestaltet werden. „Panaschierte" Blätter, also Laub mit Blattzeichnungen in Weiß, Gelb und Hellgrün, schaffen Lichtblicke auf sonnenlosen Beeten. Efeu und Hortensien (die aber meist nicht zum Blühen kommen) und sogar den als Wurzelunkraut gefürchteten Giersch (Erdholler) gibt es in buntlaubigen Sorten.

TROCKEN UND SCHATTEN – AUCH HIER WÄCHST ETWAS!

Für Neueinsteiger kaum zu glauben, aber selbst in einem absolut schotterigen Boden wächst vieles im Schatten noch ganz eindrucksvoll: Der Felsenteller (Ramonda) ist eine Pflanze, die es mit ihren samtigen Blättern und blauen und zartrosa Blüten schafft, solche Flächen zu begrünen. Langsam aber sicher wächst hier auch die Astilbe chinensis var. pumila und so mancher Storchschnabel.

TOMATE, R
& VIEL

ADIESCHEN GESUNDES

Gemüse im Garten zu ziehen ist keine Kunst, auch keine Arbeit – vielmehr Ausdruck einer unendlichen Leidenschaft. Warum denn sonst sollte man heute noch den Aufwand treiben Vitamine „hausgemacht" herzustellen? Nicht die Ersparnis, sondern der enorme Zusatznutzen ist es: zu wissen, dass das, was man isst, nicht zuletzt durch der eigenen Hände Arbeit entstand. Eine Rückkehr zu unseren Wurzeln vor hunderttausenden Jahren.

Elegant strecken die Tulpen ihre Blüten in die Frühlingsluft – selbst im Gemüsegarten dürfen die Farbkleckse nicht fehlen.

Gesundes aus dem eigenen Garten

Ach, wie war das damals doch, als ich meine „Lehrjahre" als Garten-Neuling abdiente. Damals im elterlichen Garten in Vöcklabruck begann ich als Volksschulbub mit meinem Vater zu garteln. Obstbäume haben wir gepflanzt und Gemüsebeete angelegt – viele. „Zu viele", wie meine Mutter stets sagte, denn wer sollte wohl all das essen? Ein Satz, der mich bis heute begleitet. In meiner Kindheit hatten wir eine Köchin – eine gestandene Bäuerin, die wusste, wie man eine gute Gemüseernte einfährt. Und die mich ins Herz geschlossen hatte. Mit jeder nur erdenklichen Frage durfte ich zu ihr kommen, jeden Tag war sie bei mir im Garten. Lehrte mich, dass manches nicht von heute auf morgen geht und sich die Karottensamen trotz meiner kindlichen Ungeduld nicht zu beschleunigtem Wachstum überreden ließen. Sie kommen, wann sie wollen – außer man lässt sie in einem Marmeladeglas in leicht feuchtem Sand an einem warmen Platz vorquellen. Dann geht's auch einem „kleinen" Gärtner schnell genug. Alles gab es in diesem Garten – Salat, Tomaten, Gurken, Bohnen, Erbsen. Und das Schönste daran: Ich durfte die Pflänzchen für Salat & Co. immer aus der Klostergärtnerei holen. Ein gärtnerisches Paradies, das sich mir da eröffnete: Gewächshäuser, Mistbeete und ganze Felder voll Gemüse. Auch hier verbrachte ich viele Stunden und beobachtete die Klosterschwestern beim Säen und Pikieren.

Garten der Erinnerung

Aus dem Garten der Kindheit ist längst ein Parkplatz geworden. Nur die schüt-

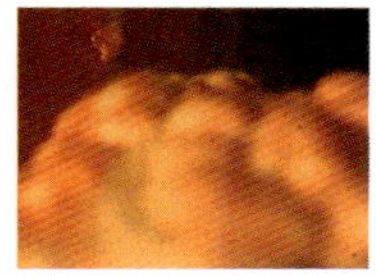

zende Ziegelmauer steht noch. An ihr wuchsen damals Wein, Himbeeren, Marillen und Pfirsiche. Davor standen die Holzmistbeet-Kästen. Lange Jahre blieb dieser Garten in meinen Gedanken mein ganz privater Nutzgarten – mein Schlaraffenland. In der Erinnerung wird alles schöner – selbst die Mühe, die man als kleiner Gärtner damit hatte, den Kompost herauszuschaufeln.

Jahre vergingen und während meiner Studentenzeit in Wien und später in Linz bot sich mir keine Chance auf ein Stück Gemüsegarten. Bis zu dem Tag, an dem ich die Idee hatte, im Garten meiner künftigen Schwiegermutter mit dem Gemüsegarteln wieder neu zu beginnen. Immerhin war genau zu jener Zeit das Biogärtnern gerade im Trend. Und ich hatte das neueste Buch von Marie-Luise Kreuter, meiner großen Lehrmeisterin, als Geschenk bekommen. Ihr zweites Buch – das erste, „Der Biogarten", stand schon in der Bibliothek meines Vaters, obwohl dieser eher auf der „chemischen" Seite war.

Also begann ich nach Kreuter'schem Vorbild zu gärtnern. Kompost – den gab's im Garten der Schwiegereltern. Mischkultur – die war unbekannt und wurde erstaunt aufgenommen. Aber

oben: Erst das Mulchen macht einen Garten „intelligent und faul".
rechts: Vielfalt ist der beste Gegner für Krankheiten und Schädlinge – vor allem im Gemüsegarten.

Alles hat Funktion und Zierde: Porzellanschilder werden wieder erzeugt und zeigen dem Gärtner noch nach Jahren, wo was wächst.

das Mulchen! Das gab Diskussionen. Wie kann man denn nur im Frühling diese schöne krümelige Erde mit Rasenschnitt abdecken! Was werden denn da die Nachbarn sagen? Dennoch ließ sich die Schwiegermutter überzeugen und wurde eine begeisterte Mulcherin. Weniger gießen, weniger Unkraut und ein viel lockererer Boden durch die zahlreichen Regenwürmer.

Der erste wirklich eigene Garten

Als unser eigenes Haus am Fertigwerden war, konnte ich endlich aus dem Vollen Schöpfen. Geplant war mein Gemüsegarten direkt bei der Küche. So wie es sich gehört. Doch dass dort einige unterirdische Quellen sind, wusste natürlich niemand. Und so fiel im Jahr eins des neuen Gartens die Ernte mäßig aus. Das Loch, das eine Karotte nach dem Herausziehen hinterließ, füllte sich sofort mit Wasser. Außerdem begann die Invasion der Wühlmäuse aus dem nahe gelegenen Wald, und so kam die erste Umplanung: Der „Gemüsegarten neu" sollte aber „alle Stücke spielen": Eine wühlmaussichere Ummauerung, einen Lattenzaun wie bei einem Bauerngarten und die Fundamente für ein Gewächshaus. Damit die Heizkosten nicht explodierten, wurde gleich eine Fernwärmeleitung von der Zentralheizung in das neue Holzgewächshaus verlegt.

Eine Schlammschlacht im Gemüse

Das Wetter fiel in dieser Bauphase entsetzlich aus – kein Juni davor und danach war je so kalt und verregnet wie dieser. Eine Schlammschlacht! Doch nach drei Wochen waren die Fundamente – 90 cm tief !!! – betoniert, die kleinen Zaunsäulen aufgestellt und sogar schon die Latten für den künftigen

Mangold mit seinen farbigen Blattstielen.

Zaun zugeschnitten. Meine Frau war in jener Zeit vorwiegend im Haus, unsere Tochter kam in diesem „berüchtigten" Juni zur Welt. Die Obsorge um die Kleine stand im Vordergrund. Papa hatte „Nachtdienst", aber eigentlich nur theoretisch, denn die Kleine schlief, so meinte ich, nach des Tages Müh einfach himmlisch. Später berichtete mir meine Frau, dass Karoline sehr wohl einige Male geweint, ich aber nicht die leiseste Regung gezeigt hätte. Ja, ja, so sind Väter, die Garten- oder besser Bauarbeit nicht gewohnt sind.

Auf die Plätze, fertig ...

... los - geht's noch lange nicht! Wenn die Bauarbeiter abziehen, dann bleibt, wie auch bei jedem Hausbau, eine Mondlandschaft zurück. Betonreste, Bretter, Nägel – das soll einmal der Gemüsegarten mit einem guten, nahrhaften Boden werden? Wir schrieben August – die Regenzeit dieses Sommers war von einigen wenigen Sonnenstunden unterbrochen. Ideale Voraussetzungen, um aus den verwüsteten Erdhügeln ein Paradies für Winde, Giersch und Disteln zu machen. Also unbedingt Gründüngung – Bienenfreund, Ölrettich, Gelbsenf – anbauen. Das verbessert den Boden und unterdrückt das Unkraut. Zuerst wird mit einem Minibagger planiert und dann der Boden aufgefräst. Einige Tage vergingen und wieder war die Erde saftig grün: Wurzelunkräuter hatten das „Häckseln" zum Anlass genommen, sich kräftig zu vermehren. Was tun? Sich jahrelang mit dem Giersch ärgern und hundertprozentig biologisch gärtnern? Nein! Also verwendete ich zum ersten Mal in

Hochsommer im Gemüsegarten bedeutet üppiges Wachstum und viele Blüten.

...KRAFTQUELLE...

meinem Leben ein Unkrautvernichtungsmittel, das über die grünen Blätter aufgenommen wird und auch die Wurzeln vernichtet.

Geheimprojekt: Gründüngung

Nach einer Woche waren alle Unkrautblätter bereits gelb und ich baute die Gründüngung an. Das kann man bei diesem Mittel, das (angeblich) keinerlei Spuren im Boden hinterlässt, tatsächlich machen – nur am grünen Blatt zeigt es seine vernichtende Wirkung. Wie dem auch sei. Ein einziges Mal verwendet, würde es schon verträglich sein. Und so wuchsen im verbleibenden ersten Gartenjahr fast einen Meter hohe Gelbsenf-„Bäume" in Mischkultur mit Ölrettich, und Bienenfreund als blitzblaue Unterpflanzung. Über den Winter war dann alles abgefroren und diese Mulchschicht begünstigte den Start für meinen Gemüsegarten. Oberflächlich leicht

Was wäre ein Garten ohne Naschobst? Noch blühen die Erdbeeren, aber bald gibt es die süßesten Früchte.

eingearbeitet bereitete sie den idealen Boden für Tomaten, Bohnen, Erbsen, Salat und Kohlrabi. Es war eine Freude, meinen Pflanzen beim Wachsen zuzusehen. Der Bauer hatte schon Recht, als das Grundstück von Wiese auf Bauland umgewidmet wurde: In diesem Stück Land war viel Kraft und Leben.

Der Aufwand, ein Betonfundament zu errichten, hat sich übrigens ausgezahlt: Seit nunmehr zehn Jahren ist keine einzige Wühlmaus in meine Schatzkammer der Genüsse vorgedrungen. Und das schlechte Gewissen wegen des Herbizideinsatzes ist auch längst verflogen – während die Staudenbeete alljährlich von der Giersch- und Winden-

Im Hochbeet in Hochform: Zucchini (links). Überraschung bei der Ernte: Bunte Kartoffeln als Besonderheit (unten).

invasion befreit werden müssen, ist im Gemüsegarten davon nichts mehr zu finden.

In den ersten Jahren habe ich den Boden fleißig umgestochen, mit Kompost versorgt und natürlich immer gut gemulcht. Manchmal mit Rasenschnitt, manchmal mit Holzfaser oder mit besonders feinem Pinienmulch. All das hat zu hervorragender Bodenqualität geführt. Gemüse und Kräuter wachsen wie von selbst, und jetzt höre ich von meiner Frau den wohlvertrauten Satz meiner Mutter: „Wer soll denn das alles essen?"

Kompost schafft Riesenernte

Den Satz noch in meinen Ohren wagte ich mich über ein neues Gartenprojekt: ein Hochbeet. Aus alten Zaunelementen, einen Meter lang, bastelte ich eine 2 x 1 Meter hohe Umrandung. Die oberste Erdschicht, die bereits durch die jährliche Kompostgabe zu bestem Humusboden geworden ist, entfernte ich, dann füllte ich mit Gehölzschnitt, Grobkompost, Feinkompost und der beiseite gelegten Erde auf, arbeitete noch Hornspäne ein und pflanzte dort – es war gerade Mai – Süßmais und Zucchini.

Das Wachstum erfolgte explosionsartig! Schon nach eineinhalb Monaten hatten die Zucchini Blätter mit einem Durchmesser von 40 cm und der Mais wuchs auf die (ungeplante) Höhe von fast zwei Metern heran. Apropos Ernte: In diesem Jahr gab es viele der Köstlichkeiten aus dem Gemüse-Kochbuch meiner Frau: Zucchinisuppe, Zucchini-Kuchen, Zucchini-Aufstrich, Zucchini-Salat und gefüllte Zucchini.

Kirschtomaten gehören zu den wuchskräftigsten Paradeisern. Ihr Geschmack ist köstlich.

Paradeiser vertragen keinen Regen. Ein Flugdach aus alten Mistbeetfenstern schützt sie vor Feuchtigkeit. Die Tontöpfe in der Erde erleichtern das Gießen.

Tomaten suchen Schutz

Der Garten ist kein Museum, das, einmal errichtet, ewig so fortbesteht. Gärtner verändern, pflanzen um und haben Jahr für Jahr neue Vorlieben oder Interessen. Und sie haben mit wechselnder Witterung zu leben. So war es in früheren Jahren üblich, die Paradies-Äpfel – die Paradeiser oder Tomaten – alljährlich an dieselbe Stelle zu setzen. Ohne irgendeinen Schutz. Doch die Braun- oder Krautfäule machen das heutzutage unmöglich. So wie sich die Natur verändert, verändert sich das Gärtnern. Unter alten Mistbeetfenstern, die zu einer Art

Flugdach aufgebaut wurden und vor Regen schützen, stehen nun die Tomaten und wachsen wieder wie im Garten der Kindheit, denn damals kannten wir die lästigen Pilzkrankheiten nicht.

Warum legt ein Wohlstandsmensch von heute überhaupt noch einen Gemüsegarten an, wo es doch alles, auch rückstandsfrei und vollbiologisch, in jedem Supermarkt gäbe? Eine Frage, die auch mir oft gestellt wurde. Klar lohnt sich das – aus finanzieller Sicht – ganz und gar nicht. Im Gegenteil, das Kilogramm Gurken oder dutzende Rispen mit süßen Kirschtomaten kosten weitaus weniger, wenn man sie im Geschäft kauft. Doch sind wir nicht im Innersten alle erdverbundener, als wir denken? Wir haben auch die Aufgabe, unseren Nachkommen zu zeigen, woher unsere Nahrung kommt. Es erfüllte mich immer mit Stolz, wie unsere kleine Tochter schon mit fünf, sechs Jahren alle Beeren erkannte, wusste, wo die Tomaten wuchsen und zielgenau auf das Karotten-Beet zusteuerte. Die süßen Baby-Karotten zählten zu ihrem Lieblingsgemüse.

Dennoch kann ich alle beruhigen: Trotz meines Enthusiasmus hält sich der gärtnerische Drang meiner Tochter bedeckt und sie geht die Sache sehr pragmatisch an: Alle Köstlichkeiten findet sie auf Anhieb. Pflanzen zu erkennen und deren Namen zu erlernen, das geschieht allerdings nur dem Papa zuliebe.

TOMATEN HAUS

TOMATEN

2 Pflanzen/Stab

- Kirschtomate
- Fleischtomate
- "Figarella"
- Cocktail

MULCH:

- Pinie
- Rindenhumus →
- Holzfaser → MISCHUNG

1:1 = idealer Mulch

zuvor: Hornspäne + Kompost

ANGIESSEN!

GURKEN IM GEWÄCHSHAUS

Veredelte Pflanzen

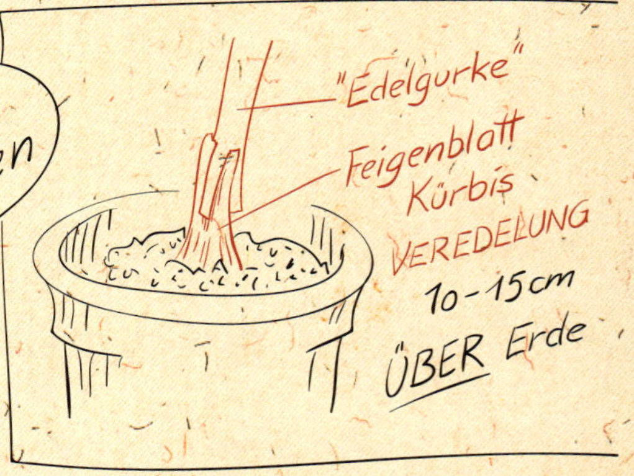

3 Töpfe

je 2 Gurken

- "Fortuna"*)
- "Schlangengurke"
- "Salatgurke"

*) rein weiblich

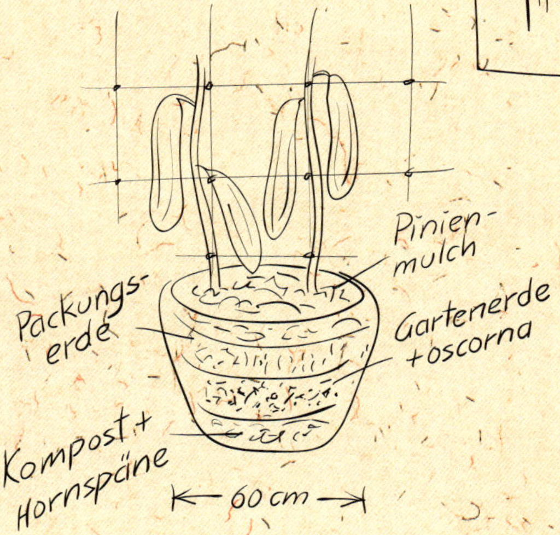

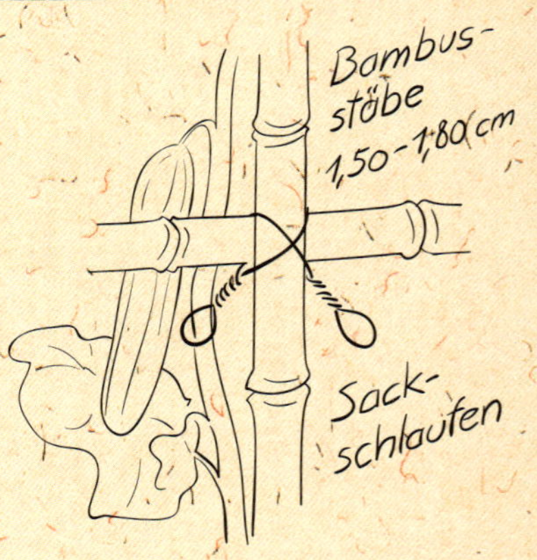

Junges Gemüse gefällig?

Gemüse aus dem eigenen Garten ist der größte Luxus! Schließlich ist es nur wenigen vergönnt, ein großes Grundstück zu besitzen und nicht alle haben Zeit und Lust dazu. Ein Luxus, der jedoch viel Freude und Erlebnis bereitet. Probieren Sie es aus – es lohnt sich.

1. **Wärme und Licht sind wichtig:** Wählen Sie für Ihren Gemüsegarten das sonnigste Stück Boden, das Sie in Ihrem Garten finden.
2. **Beginnen Sie klein!** Zu große Gemüsegärten machen das Garteln zur Last. Beginnen Sie schrittweise und erweitern Sie die Fläche nach Bedarf.
3. **Entfernen Sie die oberste Rasenschicht!** In ihr sind viele lästige Schädlinge, wie zum Beispiel Drahtwürmer (fressen mit Vorliebe Salatpflanzen). Auf dem Kompost wird daraus gute Erde!
4. **Die beste Erde ist gerade gut genug!** Der Humus ist die Basis für gutes Wachstum – lockern Sie den Boden tiefgründig, also 2 Spaten tief. Geben Sie Kompost und – bei sehr schwerem Boden – auch Sand hinzu.
5. **Pflanzen Sie die wichtigsten Gemüsearten an.** Flott sind Blattsalate, Radieschen und Spinat. Nicht fehlen dürfen Würzkräuter und probieren sollten Sie unbedingt Tomaten, Bohnen und Erbsen.
6. **Mulchen Sie gut und dick mit Rasenschnitt.** Unkraut wird zurückgedrängt und es muss weniger gegossen werden.
7. **Nach der Ernte Boden verbessern.** Im Herbst sollten Sie nach dem Bodenlockern unbedingt Gründünung (Gelbsenf, Bienenfreund oder Ölrettich) aussäen. Die Pflanzen frieren ab und schützen die Erde.

Tomaten nur unter Dach

Die Klimaänderung hat, so sagen mittlerweile viele Fachleute, Pilzkrankheiten, wie sie bei Tomaten auftreten, in den letzten Jahren sprunghaft ansteigen lassen. Tomatenpflanzen müssen daher unbedingt vor Regen geschützt stehen. Alte Fenster, Plastikdächer oder Ähnliches helfen hier und lohnen die Mühe: Früchte bis Ende September.

Mulchmaterial im Gemüsegarten

Rasenschnitt ist das ideale Mulchmaterial. Wenn dies nicht gefällt, kann Rindenhumus (nicht Rindendekor) oder feiner Pinienmulch verwendet werden. Bewährt hat sich auch Holzfaser, die den Boden gut schützt.

KAROTTEN KEIMEN OFT SCHLECHT

Lassen Sie das Saatgut in leicht befeuchtetem Sand in einem Marmeladeglas vorkeimen. Auf einem Heizkörper quellen die Samen rasch und keimen dann viel schneller als sonst.

NEUER KOMPOST-PLATZ

NIEMALS auf den Kompost:
- Gekochtes
- Fleischreste
- Knochen
- Nudeln
- Reis

RATTEN!

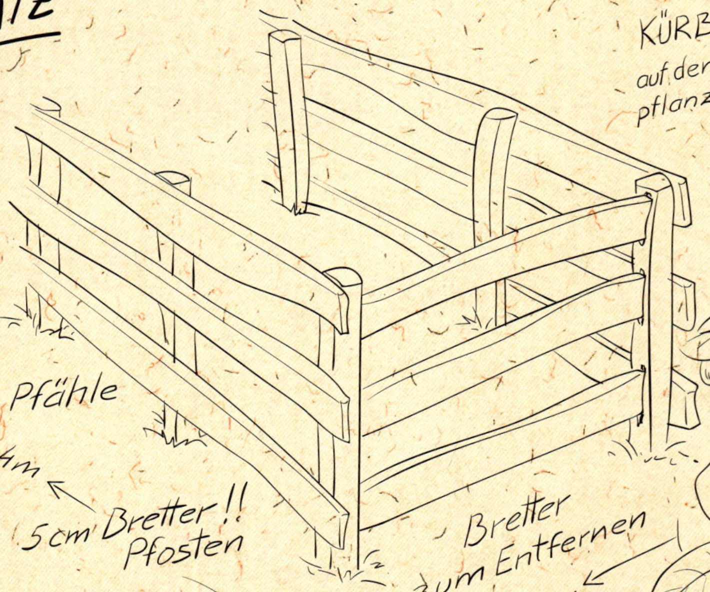

KÜRBIS
auf den Kompost pflanzen: zuerst Gartenerde ins Gartenloch

Beste Sorte → Hokkaido

TIPPS:

Gehölzschnitt nicht häckseln

Hornspäne einstreuen

immer mit Rasenschnitt abdecken (Regenschutz hält aber Feuchtigkeit im Kompost)

KAROTTEN VORKEIMEN

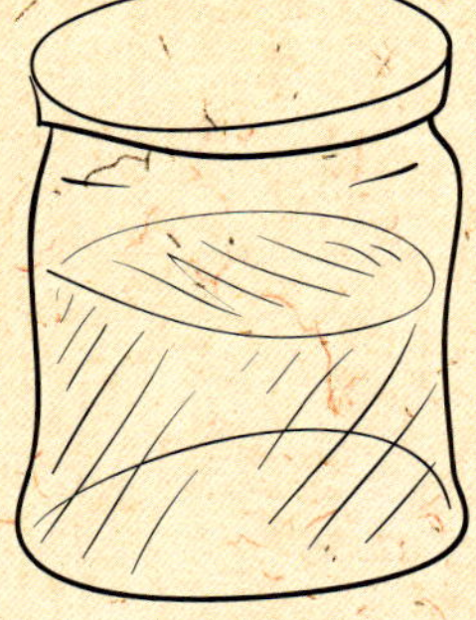

Sorte
"Fly away" (keine Würmer)

Marmeladen Glas (verschließbar)

Karotten IMMER in Mischkultur mit ZWIEBEL oder LAUCH

- Quarzsand einarbeiten

- KAROTTENBEET NICHT ZUVIEL DÜNGEN!

Karotten-Samen
→ 2 Pkg
+ Quarzsand
+ etwas Wasser (2-3 Esslöffel)
+ 2 Tage auf Heizkörper
+ gut schütteln

Aufpassen (!)
↳ Quarzsand verklebt beim Ausbringen in Saatreihe
↳ Holzstäbchen als Helfer

Kompost – Gold des Gärtners

Ohne Kompost kann es keinen Garten, kein gesundes Wachstum geben. Die verrottete Erde versorgt die Pflanzen nicht nur mit Nährstoffen, sondern liefert auch gleich die „Medizin" um Krankheiten abzuwehren und Schädlinge zu bekämpfen. Wissenschaftler haben im Kompost sogar antibiotikaähnliche Substanzen entdeckt. Und so einfach geht das Kompostieren:

1. **Platz im Halbschatten!** Hinter einem Baum oder Strauch auf Mutterboden werden die organischen Abfälle aus Haus und Garten aufgeschichtet. Ist der Garten sehr klein, kann man auch einen Kompostsilo verwenden.
2. **Häckseln Sie das Material nicht oder nur ganz wenig.** Zu stark zerkleinerte Stoffe kleben zusammen und beginnen zu faulen.
3. **Keine Hilfsmittel notwendig.** Damit guter Kompost entsteht, benötigen Sie nichts – außer sie kompostieren sehr viele holzige Abfälle. Dann streuen Sie Hornspäne ein. Holz benötigt zum Verrotten Stickstoff.
4. **Alles aus dem Garten!** Aus dem Garten kann alles kompostiert werden – selbst Unkraut. Rasenschnitt immer als „Haut" über den Komposthaufen legen. Diese Maßnahme schützt vor zu viel Regen und vor dem Austrocknen.
5. **Alles aus dem Haus?** Nein – niemals gekochte Abfälle, wie Knochen, Fleisch, Reis oder Nudeln – sie würden nur Ratten anlocken. Aber Zitrusschalen (in Haushaltsmengen), Kaffeesud und Teebeutel kommen auf den Kompost.
6. **Kompost muss ruhen:** Nach einem Jahr Aufbau wird der Haufen gut mit Rasenschnitt abgedeckt, im Frühjahr werden Kürbisse angebaut und bis zum Herbst liegen gelassen. Dann beginnt die Ernte des „Goldes".
7. **Kompost im Herbst bzw. im Frühjahr ausbringen**. Sie müssen Kompost nicht sieben, es genügt, wenn Sie die sehr groben Teile aussortieren und als „Impfmaterial" auf den zweiten Komposthaufen werfen, der daneben entstanden ist. Im Gemüsegarten die Komposterde im Frühjahr ausbringen, im übrigen Garten jedoch im Herbst: unter Bäumen, bei den Rosen, im Staudenbeet.

Gurken unter Glas

Eine wirklich große Ernte erzielen Sie bei Gurken (vor allem bei Schlangengurken) nur unter Glas oder Folie. Die Gurken wachsen dann auf Bambusspalier oder Schnüren. Da Gurken selbst-unverträglich sind (Krankheiten im Boden!) sollten Sie die Pflanzen in große Töpfe setzen und jährlich die Erde erneuern. Auch auf dem Balkon funktioniert die Topfkultur der Gurke hervorragend.

NEUER TREND: VEREDELTES GEMÜSE

Schlangengurken werden auf Feigenblattkürbis und Kirschtomaten auf Wildtomaten veredelt. Das garantiert eine noch bessere Ernte, da sich durch Züchtungen oft das Wurzelwachstum schlechter entwikkelt. Das Veredeln verbindet beides: Wachstum und Ernte.

BLUME
FRUCHTIGE

N, BÄUME & GENÜSSE

Was wäre unsere Erde ohne Blumenwiesen! So schön das Grün, so beeindruckend seine vielen Schattierungen – wirkliche „Ahs“ und „Ohs“ kommen einem doch immer erst dann über die Lippen, wenn man vor einer schier unglaublichen Blütenpracht steht. Gibt es etwas Schöneres? Ja, saftige Äpfel, die erntereif auf den Bäumen hängen. Und diese Bäume stehen in meiner Blumenwiese. Ein Schlaraffenland.

...MEINE BLUMENWI

meine Traumwelt! Stunden, Tage, ja ganze Ferien lang durchstreifte ich mit meinem Bruder und Nachbarkindern dieses Paradies.
Wohl jeder mit einem anderen Blick – der eine wollte unbedingt die Wiese zum Fußballrasen machen. Das gelang auch ein Jahr lang, denn mit Schweiß und Ausdauer hielten wir ab dem Frühjahr ein Stück Wiese mit einem kleinen Spindelmäher ganz kurz. Tatsächlich schien sich die Natur geschlagen zu geben und duldete diese Attake: Rasen aus zweiter Hand – die Blumen verschwanden.
Mein Blick jedoch galt anderen Dingen. Da konnte man schon im zeitigen Frühjahr die Schneeglöckchen in einem alten Steingarten beobachten, die Narzissen wagten sich aus einem Blumenbeet hinüber in die Wiese und selbst Tulpen – meist in Gelb – fand ich in der Blumenwiese.

Diese Bilder blieben mir im Kopf. Weniger die vom Fußballspielen, denn

Die nie gemachten Bilder ...

... sind irgendwann einmal die Schönsten. Als wäre es gestern, denke ich an die traumhafte Blumenwiese, die sich auf einem Nachbargrundstück meines Elternhauses mitten in der Stadt ausbreitete. Der alte Park eines Stadthauses war nach dem Konkurs des Besitzers jahrelang leer gestanden und langsam hatte die Natur dieses Stück zurückerobert. So auch die Wiese, die früher einmal ein Englischer Rasen gewesen sein musste. Der alte Pool, noch immer mit Wasser gefüllt, war zum Biotop geworden. Frosch und Libelle sagten sich „Gute Nacht" –

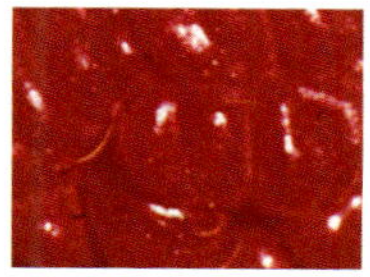

E . . .

Ein ganzes Jahr Blüten: Marillenblüte im zeitigen Frühjahr, Blumenwiese (links) mit Margeriten (rechts) und Narzissen (rechts unten).

das machte ich zwar eifrig, doch mit mäßigem Erfolg mit. Was könnte ich in dieser Zeit nicht in meinem Garten alles umgraben, auspflanzen und entdecken, dachte ich, und da laufe ich stundenlang einem Ball nach ...

„Erfinder der Blumenwiese"

Die Blumenwiese sollte mich bei meinen gärtnerischen Aktivitäten begleiten. Als ich meine Garten-Kolumne im Radio begann, war nach den Grundregeln des biologischen Gärtnerns gleich die Blumenwiese eines der Hauptthemen. „Kleine Blumenwiesen-Fibel" hieß da eine Publikation, die Auftakt zu einem Wettbewerb war, die schönste Wiese in Oberösterreich zu suchen. „Erfinder der Blumenwiese" titulierte mich daraufhin ein lieber Gemeindearzt, der mich zum Vortrag einlud. Die Früchte dieser Zeit kann man aber noch ernten: ob durch das geänderte Naturbewusstsein oder auch die eine oder andere Anregung in meinen Sendungen. Blumenwiesen am Straßenrand betrachtet man wieder als Verschönerung der Landschaft. Bilder, die wir tagtäglich im raschen Vorbeifahren sehen, die wir nie fotografieren und doch sofort abrufen, wenn es heißt: Wie sieht ein Stück blühende Natur aus?

Also – wie sieht es aus? In meinem Garten muss es sie geben: die Blumenwiese. Und nicht nur eine! Vor

dem Haus – direkt neben dem kleinen künstlichen Wiesenbach und dem Wald kommt die Trockenwiese. Das etwas abschüssige Stück liegt im Regenschatten des Waldes und wurde beim Anlegen des Gartens auch gleich vom Humus „befreit"! Da staunte der Baggerfahrer nicht schlecht, als ich ihm erklärte, dass die schönsten Blumenwiesen nur dort gedeihen, wo es kaum Nährstoffe gibt, wo der Boden durchlässig und eher trocken ist. Also, Humus entfernen! Darauf eine Schicht Sand und alles einfräsen.

Nicht wissend, wie schlecht die Qualität der Blumenwiesen aus der Packung ist, baute ich eine Fertigmischung an. Ein Wald aus beinahe zwei Meter hohen Wegwarten entstand. Tag für Tag öffneten sich die blitzblauen Blüten, um im starken Sonnenlicht wieder zu vertrocknen. Die Nachbarn waren begeistert, ich enttäuscht – sah ich doch eine Blumenwiese vor mir – kniehoch, mit Glockenblumen, Margeriten, Kuckucks-Lichtnelken ....

Es dauerte Jahre, bis sich die letzten Reste an Nährstoffen verflüchtigten und die Wiese nun wirklich nur noch kniehoch wächst. Dennoch ist sie auch nach mehr als zehn Jahren noch immer nicht so, wie ich sie erträume.

Monstergräser ohne Blumen

Blumenwiese Nummer zwei entstand dort, wo das Grundstück während des gesamten Hausbaus unberührt blieb. Wo die Wiese tatsächlich eine Bauernwiese blieb. Eine der fetten Art! Oder

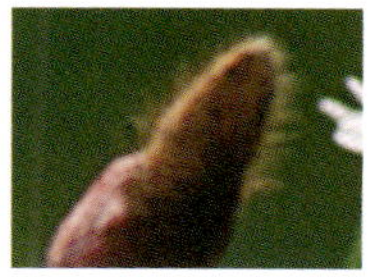

Blumenwiese – die schönste Mischkultur: Schafgarbe und Rot-Klee in trauter Gemeinsamkeit.

Attraktiv in jeder Wiese: Der Wiesen-Salbei – begehrt auch bei vielen Insekten.

kennen Sie Gräser, die gut eineinhalb Meter hoch werden? Und das trotz jahrelangen Mähens und Abtransports des Schnittguts. „Andere wären froh, hätten sie einen solchen Boden", sagte mir einmal ein Gast aus Norddeutschland, der seinen Garten im wahrsten Sinn des Wortes auf Sand gebaut hat. Dort verschwindet der Kompost beinahe über Nacht, bei mir im Garten wird er immer mehr und mehr.

Was tun? Die Blumenwiese meiner Kindheit, wie man sie aus Büchern kennt, lässt sich nicht im Handumdrehen anlegen. Auch wenn man alle Kniffe einhält. Daher habe ich mich letztendlich entschlossen, die Blumenwiesen der Gärtner anzulegen: Wiesen mit Blumenzwiebeln! Vorbild: englische Landsitze, deren Wiesen sich im Frühjahr mit Tulpen und Narzissen schmücken.

Also bestellen – zur Freude meiner Frau. Hört sie nur das Piepsen eines einparkenden Lastwagens, versteckt sie sich schon im Haus: Nicht schon wieder! Doch, es muss sein, drei Säcke Narzissen 'Golden Harvest', Unmengen an Krokussen, Blausternchen, Schneeglöckchen, Riesen-Lauch und Präriekerzen *(Camassia)*. Letztere mit blauen Kerzen, die ich in einem englischen Garten gesehen habe, wo sie sich über den Gräsern im Wind wiegten. Eine Blumenwiese meiner Träume – nein, eigentlich keine Blumenwiese, vielmehr ein überdimensionales Blumenbeet!

Blumenzwiebeln müssen gepflanzt werden

Die Pflanzarbeit war überaus mühsam. Immerhin war es schon November und die Finger klamm vor Kälte. Mitleid konnte ich nach der Rückkehr ins Haus nicht erwarten, also blieb ich der gärtnerischen Vorfreude treu und sah schon vor meinem geistigen Auge das immer schöner werdende Blütenmeer.

Die Garten- oder Kultur-Heidelbeere ist eine der köstlichsten Naschfrüchte, sie wächst und wächst – wenn sie nur sauren Boden vorfindet.

Andere warten in diesen Tagen auf den Schnee – ich auf die ersten März-, nein April-, Mai- und Junitage. Endlos schien der Winter und als endlich der Schnee schmolz, zeigte sich, dass offenbar gerade meine Wiese das auserwählte Winterquartier der Wühlmäuse war. Was hatten sie wohl alles gefressen? Auf Knien durchkroch ich die Wiese, verteilte mit den Händen die Erde der Wühlmaus- und auch Maulwurfshügel. Da – plötzlich konnte ich sie sehen: hunderte von frischen, saftigen Blattspitzen: Narzissen, und ...! Und? Schneeglöckchen, ein paar Blausternchen und dann doch noch an einigen Stellen Kamassien und Riesenlauch. Allerdings wirklich nur an einigen Stellen. Links und rechts einer unterirdischen „Autobahntrasse" waren sie noch zu finden. Der Rest blieb ein Traum. Aber ich lasse mich nicht unterkriegen. Es muss doch möglich sein, mit diesen Viechern Frieden zu schließen. Bisher waren alle Verhandlungen zwar erfolgreich, aber die Zusagen sind nur einseitig eingehalten worden.

Ein Genuss für den Gaumen

Die genussvollen Momente meiner unterirdischen Bewohner kann man wohl nur nachvollziehen, wenn man selbst vor einem Obstbaum steht, der voll mit Früchten ist. Liebe geht durch den Magen, heißt es sehr oft und das muss wohl so stimmen. Es gibt in unserem Garten einige Phasen im Jahr, da würde meine Frau das Stück Land am liebsten verkaufen. Reifen aber dann die Kirschen und vor allem die Marillen, findet ihr Lob kein Ende. Obstgehölze gehören einfach in einen Garten – auch wenn die Ernte nicht immer übermäßig ist, alleine den Jahreslauf an einem Fruchtgehölz zu beobachten macht das Garteln interessant.

Die 'Ungarische Beste', eine Marillensorte, die meiner Meinung nach tatsächlich die beste ist, steht bei uns an der Hauswand. Nicht an der Südseite, wie so oft in Gartenbüchern zu lesen,

   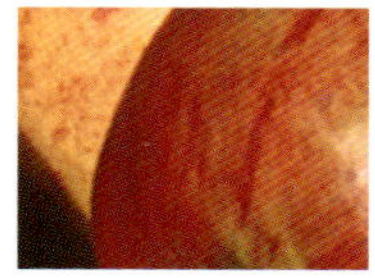 

Himbeeren – besonders pflegleicht sind die herbsttragenden Sorten (links). Marillenernte im Hause Ploberger (rechts) – alle helfen mit.

sondern an der Ostseite. Gepflanzt im Regenschutz-Bereich des Daches in einem Substrat, das mehr aus Schotter denn aus Humus besteht. Obenauf kommt jedes Jahr etwas Kompost. Kaum Gießwasser, niemals Dünger. Noch etwas sollte man wissen: Marillen beginnen oft sehr früh zu blühen. In zwei Metern Entfernung ist jedoch in den letzten Jahren eine Wildstraucherhecke entstanden, die nun das kräftigste Licht der noch tief stehenden Frühlingssonne abhält. So blüht der Baum meist ein bis zwei Wochen nach den Marillenbäumen der Umgebung und bringt – dreimal auf Holz geklopft – alljährlich eine Traumernte. Nicht diese gelb-grünen Marillen aus dem Geschäft, sondern die wirklich reifen, deren Fruchtfleisch beinahe schon einer Marmelade ähnelt. Das ist die Zeit, in der ich wieder einige Wünsche bei meiner Frau frei habe: So zum Beispiel Blumenzwiebeln bestellen ....

Die Marille des Nordens

Marillenbäume benötigen viel Wärme. Da überraschte mich doch die Erfahrung einer Tiroler Bäuerin, die mir von ihrem Baum in 600 Metern Seehöhe an der Nordseite (!) des Hauses berichtete. Er trage jedes Jahr – allerdings um vier bis sechs Wochen nach

...DUFTENDES OBST

Baumscheibe und Ohrwurmhäuschen – beide gehören zu einem gesunden Obstbaum.

der Marillenzeit. Seit diesem Brief steht auch bei mir ein Marillenbaum an der Nordseite der Garagenwand und trägt Früchte. Nicht übermäßig viele, aber von traumhaftem Aroma und zu einer Zeit, wo der andere Marillenbaum längst abgeerntet ist. Das Schöne an der ´Ungarischen Besten`: Die Früchte reifen nicht gleichzeitig. Gut zwei, drei Wochen dauert die Ernte. Eine Hoch-Zeit der lukullischen Genüsse: von frischen Früchten bis zu den typisch österreichischen Mehlspeisen wie Marillenknödeln, Topfen-Marillen-Strudel und überbackenen Marillenkuchen, hmmm ....

Obstbaumschnitt fachgerecht

'Roter Boskop', 'Gravensteiner', 'Klarapfel', 'Gute Luise', 'Hauszwetschke' und 'Gottfrieds Späte Riesenkirsche'. Diese Bäume pflanzte ich im Herbst unseres ersten Jahres in Seewalchen. Allerdings in einem Gitterkorb, denn die Erfahrungen mit den Mäusen im Gemüsegarten reichten. Dennoch beging ich wieder einige Anfängerfehler: Der Korb wurde zu tief gesetzt. In den Jahren danach knabberten die Mäuse die Bäume knapp oberhalb an. Außerdem waren die durch den Korb eingeschlagenen Baumpfähle abgefault und boten so ebenfalls ein Schlupfloch. Es dauerte knapp zehn Jahre, ehe die ersten Früchte zu ernten waren. Ich gestehe, ich bin im Gegensatz zu anderen gärtnernden Männern kein Obstbaum-Fan. Den Schnitt überlasse ich seit Jahren einem Gärtnermeister, der meist lautlos auftaucht, die Bäume schneidet und erst beim Erklimmen der Hauswand beim

Obst aus dem eigenen Garten – hier die schmackhaften Früchte der Apfelsorte 'Gravensteiner'.

Marillenspalier für eine kleinere „Herzattacke" bei meiner Frau sorgt. Als Belohnung gibt's saftigen Obstkuchen, denn der duftet zu allen Jahreszeiten bei uns in der Küche.

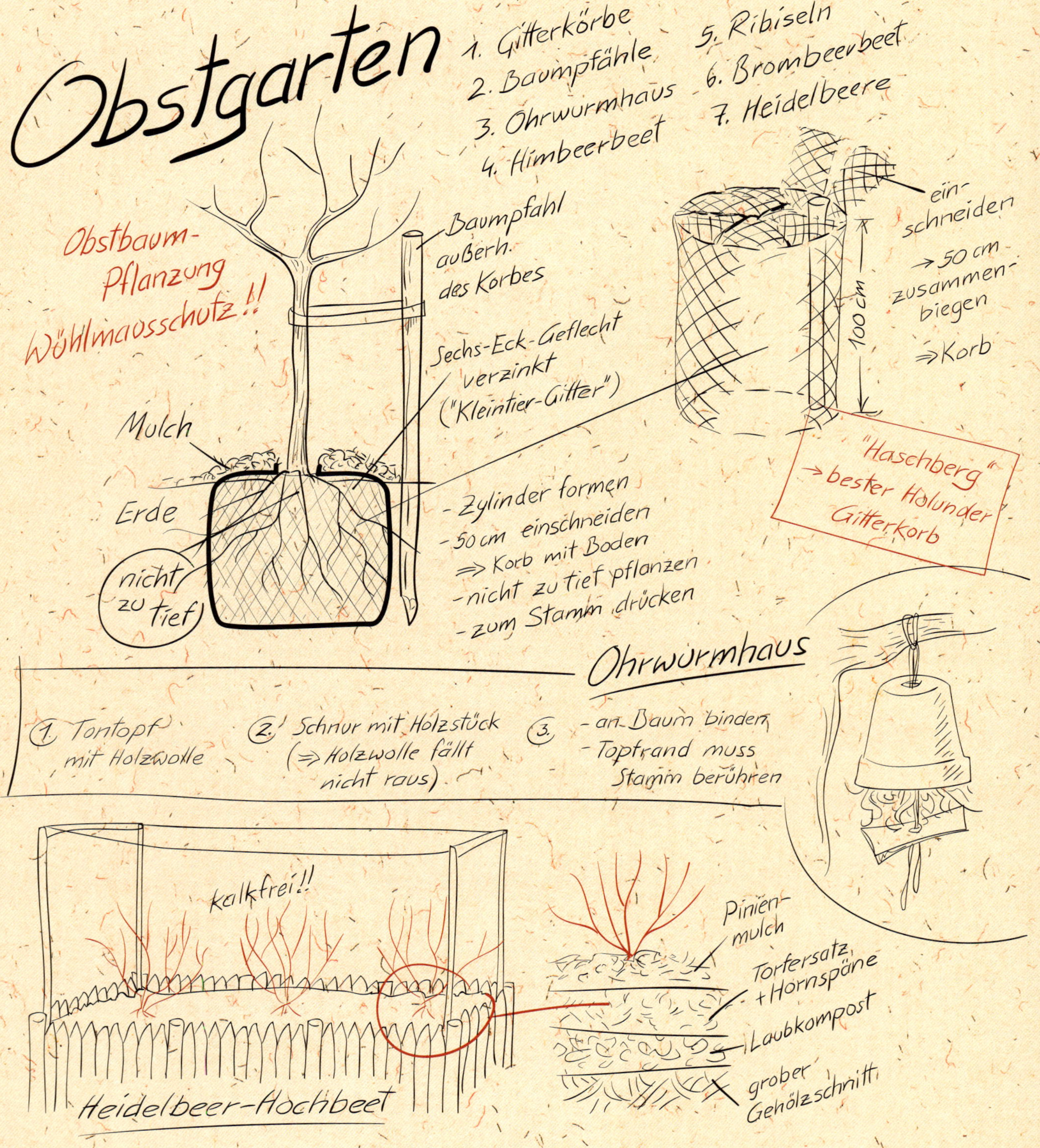
Obstgarten
1. Gitterkörbe
2. Baumpfähle
3. Ohrwurmhaus
4. Himbeerbeet
5. Ribiseln
6. Brombeerbeet
7. Heidelbeere
Obstbaum-Pflanzung
Wühlmausschutz!!
Baumpfahl außerh. des Korbes
Sechs-Eck-Geflecht verzinkt ("Kleintier-Gitter")
Mulch
Erde
nicht zu tief
- Zylinder formen
- 50 cm einschneiden
⇒ Korb mit Boden
- nicht zu tief pflanzen
- zum Stamm drücken
ein-schneiden
→ 50 cm zusammen-biegen
⇒ Korb
100 cm
"Haschberg" → bester Holunder Gitterkorb
Ohrwurmhaus
1. Tontopf mit Holzwolle
2. Schnur mit Holzstück (⇒ Holzwolle fällt nicht raus)
3. - an Baum binden
- Topfrand muss Stamm berühren
kalkfrei!!
Heidelbeer-Hochbeet
Pinien-mulch
Torfersatz + Hornspäne
Laubkompost
grober Gehölzschnitt

Obst gehört dazu!

Was bringt der schönste Garten, wenn er grünt und blüht, aber nichts zu ernten ist? Obst, vor allem Beerenobst, gehört wirklich dazu! Und selbst in den kleinsten Gärten findet sich genug Platz.

1. **Obstbäume haben auch eine Zierfunktion!** Ob die schlanken Ballerina-Apfelbäume, die Heidelbeeren mit ihrer tollen Laubfärbung oder ein in voller Blüte stehender Kirschbaum – Argumente gibt es viele.
2. **Vitamine an der Hauswand**. Spalierbäume sind überaus dekorativ. Ob Marille, Nektarine oder Wein – sie alle genießen den Schutz der Mauer und zieren das Haus.
3. **Achtung bei Wühlmäusen!** Gleich beim Pflanzen an den Gitterkorb denken. Das spart später viel Ärger.
4. **Auf die Sorte achten!** Apfel ist nicht gleich Apfel und Wein ist nicht gleich Wein. Je nach Klima und Standort sollte man unterschiedliche Sorten wählen. Fragen Sie Nachbarn und Gartenbauvereine in der Umgebung.
5. **Vertrauen Sie Ihrem Gärtner!** Baumschulenbetreiber und Gärtnereien haben große Erfahrung, vertrauen Sie ihnen. Beschweren Sie sich aber auch, wenn der Rat einmal falsch war.
6. **Schneiden Sie die Obstbäume!** Aber nicht selbst, wenn Sie keine Ahnung haben – die durch unfachgerechten Schnitt entstehenden „berühmten" Besenbäume tragen keine Früchte!
7. **Lassen Sie die Hände vom Gift!** Krankheiten und Schädlinge werden nicht durch Chemie behoben. Es müssen Sorte, Standort und Pflege stimmen, dann wächst die Pflanze gut und bleibt gesund.

OHRWÜRMER ALS BLATTLAUSJÄGER

Ein ganz normaler Tontopf wird zum Jagdquartier für Ohrwürmer. Ziehen Sie eine Schnur durch den Topf. Am Ende wird ein kleines Holzstück festgebunden. Holzwolle in den Topf stopfen und die Schnur nach oben ziehen. Das Holz hält die Holzwolle fest. An einen Baum hängen, sodass der Rand den Stamm berührt – bald nisten sich Ohrwürmer ein und schwirren in der Nacht zum Lausfang aus. Wem es zu lange dauert, der kann den Topf zuerst unter Sträucher legen, so werden sich die Ohrwürmer schneller diesen Unterschlupf suchen.

Heidelbeeren sind ein „Mega-Hit"

Solche Formulierungen sollte man ja eigentlich sparsam einsetzen – aber die Gartenheidelbeere ist tatsächlich die tollste Naschfrucht: keine Schädlinge, keine Krankheiten und viele, viele Früchte. 'Blue Crop' ist eine Sorte, die sich bei mir bewährt hat. Es gibt noch viele andere, die eines gemeinsam haben: Sie benötigen kalkfreie Erde! Ideal ist ein Hochbeet (50 cm): Mutterboden ausgraben, Gehölzschnitt, Rindenmulch, Torf oder Torfersatzstoffe und als Mulch eine dünne Schicht Rinde. Damit die Vögel nicht zuvorkommen, gleich ein Holzgestell für das Schutzgitter mitbauen.

NASCHGARTEN

Brombeeren!

(!) beim Glashaus auf der Blumenwiese

Ribisel – im Gitterkorb pflanzen! Sorte? "Jonkheer van Tets"? ROT!

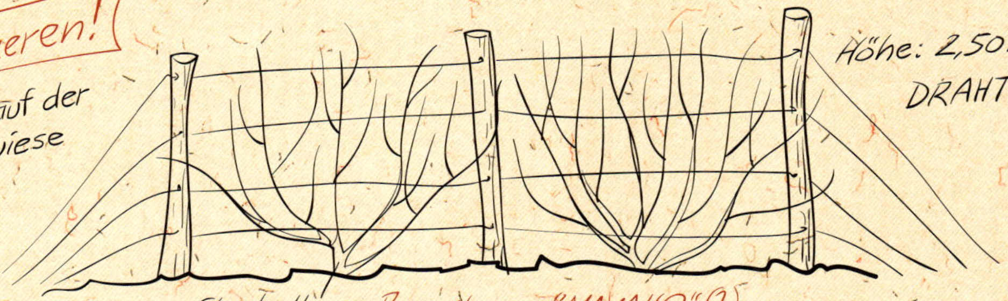

Höhe: 2,50 m DRAHT!

Stachellose Brombeere "NAVAHO" (?)

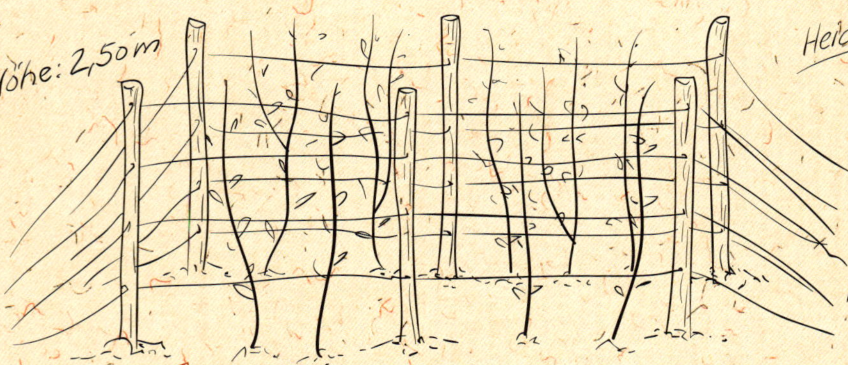

Höhe: 2,50 m

Heidelbeeren (in kalkfreie Erde pflanzen)

Holunder "Haschberg" = beste Sorte (nur verkocht verwenden)

Herbsthimbeere "Autumn Bliss" – bes. gesund!!

Himbeeren

→ wie Brombeere nur doppelreihig

BLUMENWIESE

I. Blumenwiese beim Wald
- → Humus = weg
- → Sand (fein) → Fräsen
- → SAATGUT!!

II. Blumenwiese "Obstwiese"
- → mähen, mähen

BLUMENZWIEBEL-NESTER!

- Narzissen
- Krokus
- Schneeglöckchen
- Präriekerzen (Camassien)
- Blausternchen

1. Humus entfernen
2. Sand + Schotter
3. Blumenzwiebel
4. "Nester" pflanzen
5. Mäuse??

ZU TUN → 20–30 Stk
- → Loch ausstecken
- → Rasenziegel entfernen
- → etwas Kompost
- → Rasen aufsetzen
- → festdrücken

Blumenwiesen – nicht von heute auf morgen

Blumenwiesen sind der Traum aller Naturgärtner. Leider entstehen sie nur langsam. Eines allerdings ist klar: Je karger der Boden, desto schöner wird die Blumenwiese gedeihen. Denken Sie nur an Straßenböschungen, wo bloß eine dünne Schicht Humus aufgetragen wird und doch das tollste Blühen beginnt. Hier die Grundregeln:

1. **Blumenwiesen gibt es an jedem Standort und für jeden Boden.** Die schönsten Blumenwiesen sind aber auf nährstoffarmen, durchlässigen und vollsonnigen Flächen zu erwarten.
2. **Entfernen Sie deshalb die Humusschicht.** Am besten gleich beim Hausbau, der Humus kann im Gemüsegarten gut verwendet werden.
3. **Bringen Sie Sand auf!** Lockere, durchlässige Böden sind immer nährstoffarm. Dort gedeiht die größte Vielfalt an Blumen.
4. **Verwenden Sie nur Qualitäts-Saatgut.** Die meisten Blumenwiesen-Mischungen bestehen nur aus Sommerblumen. Wichtig sind aber mehrjährige Kräuter. Blumenwiesensaatgut ist teuer, Grassamen billig. Daher ist in den Packungen oft nur Gras.
5. **Gießen nach dem Aussäen.** In der ersten Phase benötigt die Wiese Ihre Hilfe. Nur wenn zu Beginn gleichmäßig gegossen wird, keimen die Samen.
6. **Gemäht wird nur 1 – 2 Mal.** Vor allem im ersten Jahr sollte man sich mit der Mahd Zeit lassen. Oft reicht dann ein Schnitt im September. Wichtig: Heu auf der Wiese abtrocknen lassen, damit die Samen alle ausfallen. Viele Blumen sind einjährig.
7. **Haben Sie Geduld!** Die schönsten Blumenwiesen entstehen nicht von heute auf morgen. Haben sich aber die richtigen Pflanzen eingefunden, wird das Blühen großartig.

Blumenwiese mit Jungpflanzen

Immer öfter findet man in Gartencentern auch in Töpfen gezogene Wildblumen. Sie können in eine Wiese gepflanzt werden und sich dort, wenn der Boden passt, vermehren. Trotzdem ist es notwendig, dass die Erde gut vorbereitet wird, ansonsten verschwinden diese Blütenpflanzen wieder.

GITTERKORB ALS WÜHLMAUSSCHUTZ

Gerade in einer Naturwiese finden sich oft Wühlmäuse ein. Der einzig wirklich sinnvolle Schutz ist ein großer Gitterkorb. Verwenden Sie verzinktes 6-Eck-Geflecht, einen Meter breit. Formen Sie daraus einen Zylinder und „vernähen" sie mit Draht die Schnittstelle. Bei einem Meter Durchmesser den Zylinder an mehreren Stellen 50 cm weit einschneiden, die Teile nach innen klappen und so einen Boden formen. Ins Pflanzloch stellen, pflanzen, mit Erde auffüllen und Gitter andrücken.

ZIEC MI

EL, STEIN & DES KLIMA

Wie kann man sich einen Ruinengarten vorstellen? Schutt- und Ziegelhaufen und das alles mit viel Efeu überwuchert. Das wäre eine Variante. Die zweite Variante ist ein altes Haus, das noch zum Teil steht, an dessen rohen Ziegelwänden sich blühende Klettergehölze hochwinden. Die Mauern speichern die Sonnenwärme und erzeugen ein Kleinklima. Wetterküche im Kleinformat mit Baumaterial aus dem Recycling-Container!

Die „künstliche" Ruine begrünt mit einer Kletterhortensie.

Aus Sperrmüll werden Gartenträume

Was kann es wohl Schöneres geben? Mit dem Auto durch die Straßen fahren, und vor allen Türen liegen Unmengen von Sperrmüll. Nicht Müll im eigentlichen Sinn, sondern Gegenstände, von denen man im Augenblick meint, nichts damit anfangen zu können. Alte Körbe, Truhen, Tonblumentöpfe oder Metallgefäße.

Jahrelang war es bei uns üblich, dass die Sperrmüllsammlungen zweimal im Jahr stattfanden, im Frühjahr und im Herbst. Und jahrelang bereitete es meiner Frau die größte Freude, dort nach „Schätzen" zu suchen. Schätze in ihrem Sinn: Dinge, die man mit einigen Handgriffen wieder reparieren kann, die man ganz leicht reinigen oder aufpolieren kann oder die sich gut an einer (damals noch gar nicht bestehenden) Holzbretterwand machen würden. Selbst alte Körbe ohne Boden kamen so wieder zu Ehren. Und ich? Ich saß mit hochgestelltem Mantelkragen im Auto und musste mitfahren: „Aussteigen – da ist etwas" – und schon sprang der Mann, der sich ob dieser Aktivitäten schämte, aus dem Wagen, öffnete den Kofferraum und ließ das staubige Stück darin verschwinden. Das aber war Teil eins der Entstehung unseres Ruinengartens.

Scotney Castle

Teil zwei begann – wie so vieles in meinem Garten – in England. Ich kann

Im Sommer eine Wärmefalle, im Winter besondere Dekoration – Ziegelmauern aus Bauschuttziegeln.

mich noch genau erinnern, als ich zum ersten Mal nach Scotney Castle kam. Ein altes Wasserschloss, ein Teil des Gebäudes stand noch, der Rest aber war schon ziemlich verfallen. Anstelle einer Rekonstruktion wählten die Besitzer die für mich bis dahin nicht wirklich vorstellbare Form eines „Ruinengartens“. Die Mauern waren stehen geblieben, das Dach längst weg und an den Mauern wuchsen Rambler-Rosen, Clematis, Blauregen und Duftgeißblatt um die Wette. Bei genauem Hinsehen erkannte ich diese geplante Unordnung als durchaus gekonnt angelegt. Alle Mauern waren so gesichert, dass Regen und Wind ihnen nichts anhaben konnten und die Pflanzen wuchsen auf unsichtbaren Drähten in luftige Höhen. Ein Dornröschenschloss, das sich da den Besuchern zeigte.

Dazu kam noch der Vorteil des Klimas. Ziegel- und Steinwände sind echte Wärmefallen. Sonnenstrahlen heizen tagsüber die Mauern auf, nachts ist es dann in ihrer Umgebung deutlich mil-

...EIN WENIG SCHIE

Die Ziegelmauer schafft ein Kleinklima und Gräser sind die passenden Partner (links) – auch im Winter (rechts). Dazu noch viele Sammelstücke (ganz rechts) vom Sperrmüll.

der als in den anderen Gartenteilen. Ein solches Kleinklima schaffen die Briten auch noch mit einem anderen Gartenelement: dem „walled garden", dem ummauerten Garten. Drei, vier Meter hohe Ziegelmauern begrenzen einzelne Gartenteile und halten starke Winde ab, schaffen ein Kleinklima, das sogar Mittelmeerpflanzen überleben lässt. Und diese „walls" sehen auch noch hervorragend aus, denn viele Kletterpflanzen finden an den Mauern Halt und schaffen eine dritte Dimension im Garten.

Ruinengarten oder „ummauerter" Garten?

Nach den Sperrmüllaktionen hat sich diese Frage eigentlich erübrigt – also Ruine! Bücher gab es zu dem Thema keine, daher musste ich mich auf den Hausverstand und die Erfahrung eines Landschaftsgärtners, vor allem aber eines Maurers verlassen. Aus Zeitschriften und Katalogen sammelte ich allerhand Bilder, auf denen in etwa meine Vorstellung eines Ruinengartens abgebildet war. Denn neben dem Zierwert sollte dieser Gartenteil auch andere Funktionen haben: Sitzplatz, Grillplatz, Party-Theke und an der Rückwand einen Schuppen fürs Brennholz, einen für die Tontöpfe und einen für die Erdsäcke. Dazu ein Rhododendronbeet und natürlich Platz für Kletterpflanzen.

Mit diesem Wunschkatalog war die Arbeit des Gartenarchitekten schon ziemlich eingeschränkt. Noch dazu habe ich Lust auf Planen und Zeichnen verspürt – wohl ein Vermächtnis meines Vaters – und einfach drauflosgemalt. Gemeinsam – und das sollte das Ziel jeder Gartenplanung sein – war dann innerhalb von wenigen Tagen die Skizze auf dem Tisch. Eine Woche später war Baubeginn. Zuerst massive Fundamente, denn die Ruinenmauer sollte später nicht verfallen, sondern viele Jahre halten. Daher kam uns die Idee, die „alten" Ziegelmauern doppelschalig zu mauern. Dazwischen kamen Beton und Eisen – ein Stahlbetonkorsett für eine Ruine.

Gesucht: alles Alte

Der Maurer war – obwohl er es nicht aussprach – der Verzweiflung nahe. Einerseits sollte alles möglichst ansehnlich werden, andererseits aber doch sehr, sehr alt aussehen. „Die Mauern nicht gerade, ein wenig schief". Nichts von meinen Botschaften drang an sein Professionisten-Ohr. Er wusste genau, was er zu tun hatte und machte auch das einzig Richtige. Nicht schlampige Arbeit symbolisiert eine Ruine, sondern das verwendete Material. Und so war es für den Maurer eine wahre Freude, in unserem über die Jahre entstandenen Baustofflager nach Herzenslust auszuwählen. Alte Granitsteine, Bahnschwellen, Steinplatten – alles fand in unserer Ruine seinen Platz.

...ZIEGEL VON DER

Damit die weichen Lehmziegel, die von einem abgerissenen Bauernhof stammten, nicht gleich zerbröselten, mauerten wir die untersten Reihen aus neuen, doppelt gebrannten und damit frostfesten Klinkerziegeln. Mangels Material verwendeten wir für die Rückwand neuwertige Ziegel, die mit einem rauen Betonputz versehen wurden. An dieser Seite errichteten wir die Schuppen für Holz, Töpfe und Erde.

Aber noch ist es nicht so weit. Was ist da nicht alles zu klären: Wo kommt nun der alte Stein hin, wo das alte Eisenfensterkreuz? Was tun mit den mittelalterlichen Fensterläden aus gehämmertem Eisen – ein Fundstück aus dem elterlichen Dachboden? Mit großer Gelassenheit baute der Meister des Mauerns Stück für Stück ein, suchte nach einem idealen Platz für die mit Kaiserwappen (bei uns hieß es jedenfalls so) geschmückten drei Ziegelsteine, die ich bei einem Wienaufenthalt aus einem Bauschuttcontainer bei der Wiener Staatsoper geborgen hatte. Er ließ kleine Nischen frei, schaffte Podeste und nach einer Woche war das „alte Haus" fertig. Das Pflaster davor sollte natürlich auch alt wirken. Rau gebrannte Klinkersteine, alte, abgeschliffene Granitwürfel und große Rhombus-Platten bildeten den Boden.

Ein Bohrloch als Drainage

Die Pflanzgruben waren anfangs mit Bauresten gefüllt. Üblicherweise kommt darauf eine Schicht Humus und dann wird gepflanzt. Nein! Überstunden! Zwei Hilfskräfte räumten mit einem Bagger den gesamten Nachlass der Baumannschaft weg und bereiteten

Tierleben im Garten – In den Ritzen bei den Ziegelsteinen finden so manche Insekten einen Nistplatz und in meinem dekorativen Nistkasten wohnten schon drei junge Vogelfamilien.

ER...

so ein gut 70 cm tiefes Pflanzloch. In dieses kam nun Kompost, Torfersatz-Substrat und Rhododendronerde. Hier sollten sich einmal meine in England ins Herz geschlossenen Rhododendren wohlfühlen.

links: Jedes Stück wird genutzt – der „Spargel-Klee" *(Oxalis tuberosa)* grünt im Topf.
unten: Grillplatz, Partytheke und gleichzeitig Blumentopflager.

Weil der Boden in diesem Bereich extrem tonig ist, habe ich den Unterboden aufbohren lassen. Mit einem großen Erdbohrer wurden alle 50 cm zwei Meter tiefe Löcher gebohrt und mit grobem Schotter aufgefüllt. Eine Maßnahme, die wahrscheinlich

Alte Regale gefüllt mit Tontöpfen – Gartendeko, fast gratis.

verhindert hat, dass ein Sumpfbeet anstelle eines Moorbeetes entstand. Noch fehlte zwar das Wichtigste – das Dach – aber schon zu jenem Zeitpunkt konnte man die künftige Kulisse erkennen. Es war wirklich wie in England – als ob da einmal ein Haus gestanden hätte, denn dort, wo die Rhododendren Platz fanden, kamen noch alte Holzbalken und Wurzelstöcke hin: Hier lag sozusagen der Dachstuhl des alten Hauses.

Sehr echt – diese Ruine!

Der Trick mit dem alten Baumaterial und die Arbeit des Maurers waren so perfekt, dass beim nächsten jährlichen Besuch des Wasserablesers Folgendes passierte. Wir waren wir im Garten. Das Schild am Gartentor: „We are in the garden" führte ihn rund ums Haus zu unserem neuen Ruinengarten. Erstaunt blieb der Mann stehen. Was ist das – stand da ein Haus? Frech antwortete ich: „Ja, das Elternhaus". Nach einer neuerlichen Schrecksekunde kam gleich die strenge Gegenfrage: „Aber Ortswasser haben die hier nicht gehabt – oder?" Doch da gab es nie einen Haushalt, der Wassergebühren hinterziehen hätte können, bloß eine blühende Bauernwiese, ehe das Grundstück zur Bebauung freigegeben wurde. Aber unser Haus, im alten Stil einer Salzkammergut-Villa errichtet, und die alten Ziegel des neuen Ruinegartens haben dazu geführt, dass der Wasserableser mit seiner Meinung nicht alleine blieb. Acht von zehn Besuchern meinen heute noch, dass unser Haus und Garten „wunderbar renoviert" worden wären.

Freilich besteht auch der Ruinengarten nicht bloß aus Mauern und Steinen, er ist mittlerweile dicht bewachsen. Es wächst eine Japan-Scheinkamelie *(Stewartia pseudocamellia)*, die ich in einer englischen Gartenzeitschrift entdeckte und deren Blüte (fast wie bei einer echten Kamelie) ein wenig von der Stimmung der riesigen Kamelien in den Garten bringen sollte, die ich einmal in voller Blüte am Lago Maggiore sah. Auch findet man hier einen Efeu, der langsam aber sicher die Ziegelmauer erobert und als Krönung eine Kletterrose, die alljährlich im Juni gemeinsam mit den Rhododendren um die Wette blüht. So sehr ich auf die exakten Sortennamen bei meinen Pflanzen achte, den Namen dieser Rose kenne ich leider nicht mehr. Durch ein Hagelwetter wurden viele der Etiketten zerstört, auch das jener Rose. Wahrscheinlich ist es eine *Rosa multiflora* – die Blüten sind jedenfalls klein, ungefüllt und im Herbst gibt es kleine, aber überaus dekorative Hagebutten, die in dicken Büscheln auf den langen Trieben hängen.

Rost ist erlaubt – eine Vogeltränke.

Das verlorene Moorbeet

An dieser Stelle war der Graben zur Kellermauer noch nicht zugeschüttet und so bot es sich an, mit Torf, Torfersatzstoffen und dem wenigen Kompost, der noch verfügbar war, ein erstes Rhododendron- und Azaleenbeet zu errichten. Gleich vorweg: Das Beet war fast acht Jahre lang sehr schön, dann aber war vom Torf nichts mehr zu finden. Die fleißigen Regenwürmer hatten den kalkhaltigen Unterboden an die Wurzeln der Rhododendren gebracht und innerhalb von zwei Jahren waren alle Pflanzen kaputt. Dafür breiteten sich hier hervorragend die Herbstanemonen, ein Winter-Jasmin *(Jasminum nudiflorum)* und ein Korea-Schneeball *(Viburnum carlesii)* sowie ein Echter Gewürzstrauch *(Calycanthus floridus)* aus. Manche werden denken, das sei gleich ein kleiner Garten, der da von mir beschrieben wird. Nein, es ist bloß eine Fläche von zwei mal zwei Metern. Gleich ums Eck stehen dann die Hortensien *(Hydrangea arborescens* und *paniculata)*, denen ich alljährlich viel „sauren" Dünger gebe, also „schön tue", denn die Pracht der Sorte ´Anabella` will ich nicht missen.

... die wächst hier nicht?

Dass nicht alles hundertprozentig stimmt, was in dicken Pflanzenlexika steht, beweist mir eine Ölweide. „Standort: trocken und schottrig", heißt es da. Meine Ölweide, die mit silbrigem Laub beinahe südlichen Charme á la Toscana zaubert, steht auf feuchtem, lehmigem und stark verdichtetem Boden. Also: Probieren geht über studieren!

Einer meiner Lieblingsplätze befindet sich hinter dem Ruinengarten, der mittlerweile ebenfalls toskanisches Aussehen angenommen hat. Direkt beim Tontopflager habe ich meinen Umtopfplatz errichtet. Kleine Regale aus alten Obstkisten und genug Platz für Etiketten, Dünger, Bleistifte, Scheren .... Dazu nebenan gleich alle Arten von Erden und Sand. Vom Splitt bis zum feinen Quarzsand, vom Bims bis zum groben Lavagranulat. Und feine Komposterde, gesiebte Lehmerde ohne Kalk aus dem Mühlviertel und gesiebte Lehmerde mit Kalk – einmal für die Zitrusgewächse ohne Kalk und einmal für meine Zyklamen und Leberblümchen mit Kalk.

Und dann die Tontöpfe. Ich bin stolz darauf, dass ich in meinem Garten bis auf ganz wenige Ausnahmen nur irdene Töpfe verwende. Auch wenn der eine oder andere Topf zu Bruch geht. Immerhin kann man die Scherben gleich als Drainageschicht verwenden. Eine ganze Kiste davon steht beim Umtopfplatz. Mein „altes Haus" beim Ruinengarten schafft für mich einen nostalgischen Rahmen. Die Zeit scheint hier stehen zu bleiben ....

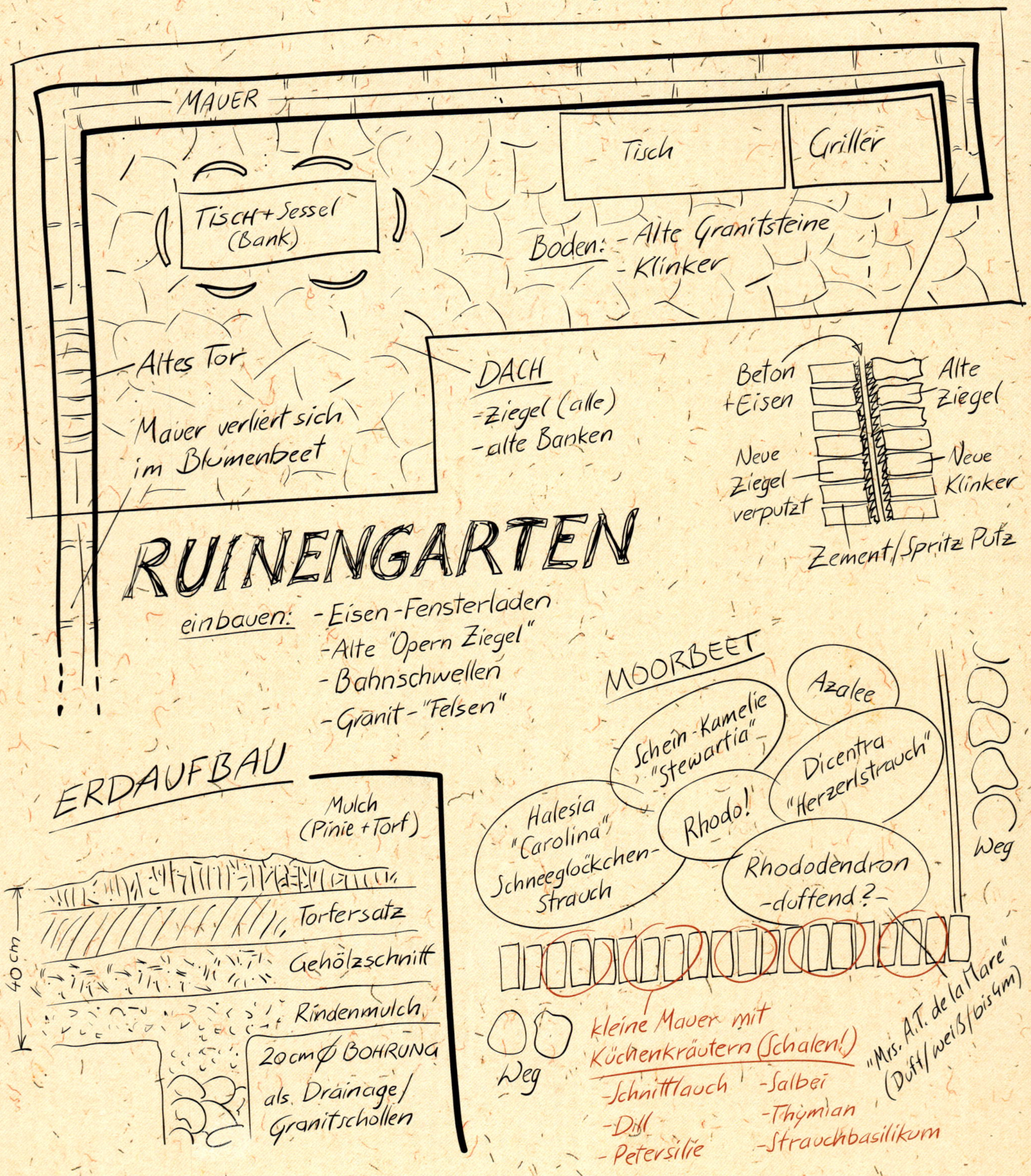
MAUER
Tisch
Griller
Tisch + Sessel (Bank)
Boden: - Alte Granitsteine - Klinker
Altes Tor
Mauer verliert sich im Blumenbeet
DACH -Ziegel (alle) -alte Banken
Beton +Eisen
Alte Ziegel
Neue Ziegel verputzt
Neue Klinker
Zement/Spritz Putz
RUINENGARTEN
einbauen: -Eisen-Fensterladen -Alte "Opern Ziegel" -Bahnschwellen -Granit-"Felsen"
MOORBEET
Azalee
Schein-Kamelie "Stewartia"
Dicentra "Herzerlstrauch"
Halesia "Carolina" Schneeglöckchen-Strauch
Rhodo!
Rhododendron -duftend?-
Weg
ERDAUFBAU
Mulch (Pinie + Torf)
Torfersatz
Gehölzschnitt
Rindenmulch
40 cm
20 cm Ø BOHRUNG als Drainage/ Granitschollen
Weg
kleine Mauer mit Küchenkräutern (Schalen!)
-Schnittlauch
-Dill
-Petersilie
-Salbei
-Thymian
-Strauchbasilikum
"Mrs. A.T. de la Mare" (Duft/weiß/bis 4m)

Ruinen, gebaut für die Ewigkeit

Es ist keine Idee der Neuzeit, sondern eine alte Tradition: Ruinen in Gärten. Ob im Schlosspark von Schönbrunn oder in alten englischen Landschaftsgärten. Die (künstlich aufgebauten) alten Mauern geben eine passende Kulisse für einen stimmungsvollen Garten. Selbst in kleinen Gärten lässt sich mit so einem „Stück Geschichte" ganz besonderer Charme zaubern. Es ist einfach:

1. **Sammeln Sie alte Baumaterialen.** Je umfangreicher Ihre Sammlung ist, je früher Sie beginnen, desto preisgünstiger wird Ihre Ruine. Historisches Baumaterial ist heute eine kostspielige Handelsware geworden.
2. **Planen Sie mit dem Garten und nicht gegen ihn.** Ruinen dürfen nicht zum Fremdkörper werden und sollten, vor allem in einem kleinen Garten, eine Funktion bekommen: Sitzplatz, alte Mauer als Sichtschutz, Rückwand eines Holzschuppens etc.
3. **Alte Ziegel sind nicht frostfest!** Normale, einfach gebrannte Ziegel werden nur wenige Jahre im Freien überdauern. Sie müssen daher für Feuchtigkeitsschutz sorgen, sonst „zerrinnt" Ihnen die Mauer.
4. **Doppelwandige Mauern haben sich bewährt.** Wer eine Ziegelmauer aus „mürben", alten Ziegeln errichtet, der sollte aus Gründen der Statik doppelwandig bauen: alte Ziegel – Beton – alte Ziegel (oder auf einer Seite neue Ziegel, wenn es eine Rückwand wird).
5. **Verwenden Sie altes Bauholz!** Gerade Dachkonstruktionen, die mit neuem Holz auf alte Mauern aufgesetzt werden, wirken oft deplatziert. Alte Balken geben dem Bauwerk aber die „historische Reife".
6. **Alte Dachziegel verwenden oder Dach begrünen!** Beides hat seinen Reiz und man sollte von Fall zu Fall entscheiden. Wichtig ist nur eine einwandfreie Bauausführung mit geprüfter Statik.

DAS MOORBEET

Moorbeetgewächse benötigen saure Böden, die entweder durch Lauberdekompost, Torf oder mithilfe fertiger Rhododendron-Erde geschaffen werden können. Allerdings nicht bloß in einem kleinen Pflanzloch, sondern in einem relativ großzügigen Beet: Pro Pflanze sollte ein Loch mit einem Durchmesser von zumindest einem Meter und einer Tiefe von 50 bis 70 Zentimetern ausschließlich mit diesem Substrat gefüllt werden. Eine Mischung aus der (kalkhaltigen) Muttererde mit reinem Torf im Verhältnis von 1:1 – eine gängige Empfehlung – hält nur für einige Jahre vor. Dann beginnt die Pflanze wieder zu kümmern.

7. **Hüllen Sie Ihre Ruine in das entsprechende Pflanzenkleid**: Efeu, Wilder Wein, Weintrauben, aber auch Spalierobst passen hervorragend.

STEINE, S

AND & 1000 BLÜTEN

Steine gelten in einem geordneten Gartenleben als Fremdkörper. Sie werden oft beseitigt. Warum nur? Steine sind die schönste Grundlage für ein Gartenbeet der anderen Art. Trockenbeete – ein Trend der letzten Jahre – schaffen ein ganz besonderes Flair. Mit Pflanzen, die eine südliche Stimmung vermitteln. Und Trockenbeete lassen sich selbst in den feuchtesten Winkeln anlegen.

Alles ist möglich – immer und überall

Steine, Schotter und Sand. Nein, das sind keine Horror-Voraussetzungen für einen Garten. Man muss die Steine nicht immer aussortieren und die Erde durchsieben. Viele Gartenbesitzer können von „geologischen Geschenken" ein Lied singen und träumen von einem Garten mit humoser Lehmerde, in der alles wächst! Alles? Nein! Manche Pflanzen lieben es, auf steinreichen Böden zu wachsen.

Ich ging daher die Probe aufs Exempel ein. Wieder einmal spielte der Zufall Regie – oder ist das die Auslegung eines „intelligenten faulen Gärtners"? Damals beim Hausbau war dort, wo sich jetzt der Garagenvorplatz befindet, der Bauplatz: mit Mischmaschine, Schotter, Sandbergen und den Resten, die beim Stemmen der Elektroleitungen zurückgeblieben waren – Berge von Schutt und Steinen. Der Hausbau war zu Ende, ein großer Bagger kam und alles wurde verteilt, unter dem

Sie lieben die Sonne und sandigen Boden – Echeverien. Leider sind sie nicht winterhart, können aber ohne Probleme in einem hellen, frostfreien Raum überwintert werden.

Motto: Sie benötigen hier sowieso einen „Frostkoffer" für eine regenfeste Garagenzufahrt. Dann verschwand er. Zurück blieb ein Haus, umgeben mit viel, viel Schotter. Und dabei hatte ich es mir doch im Grünen erträumt!

Zu jener Zeit war bei uns zweierlei ziemlich knapp: Geld und Geduld. Wir wollten einfach keine Bauarbeiter mehr sehen, keinen Bagger und kein „Das wird aber gar nicht so einfach werden!" mehr hören. Also ließ ich einen Winter vorübergehen und ging im März des darauf folgenden Jahres ans Werk. Die Schotterbänke machten

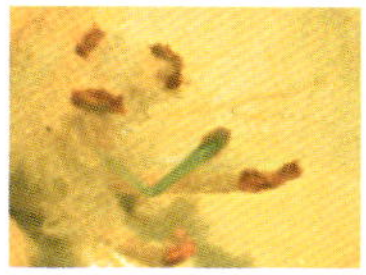

mir Sorgen. Vom Kiesgarten der Beth Chatto aus England wusste man damals bei uns noch nichts. Man kannte Alpen- und Steingärten. Aber war es das, was ich wollte? Daher begann ich nun nach Pflanzen zu suchen, die einen „durchlässigen, eher schotterigen und im Sommer trockenen Boden" mochten. Es war gar nicht so leicht, doch viele Gespräche mit Gartenexperten ließen so manche Erinnerung wach werden. Dass Marillenbäume einen durchlässigen Boden benötigen, dass Nektarinen gerne geschützt stehen und auf lehmigen, festen Böden ganz und gar nicht wachsen wollen. Dass Gewöhnlicher Judasbaum *(Cercis siliquastrum)* und Katsura- oder Lebkuchenbaum *(Cercidiphyllum japonicum)* diesen Boden lieben. Also: Auswahl scheint es zu geben. Noch dazu eine, die mit Marille und Nektarine kulinarische Komponenten abdeckt.

Nicht die echte Türkenbund-Lilie – aber eine, die Sand und durchlässigen Boden liebt: *Lilium pumilum*.

Liebt ebenfalls Sand und Kies: Lavendel.

Schotter und Humus

Noch immer waren hier Schotterberge. Eine Sondierungsgrabung zeigte, dass diese Aufschüttungen direkt beim Haus gut einen Meter betrugen, etwas weiter entfernt aber nur 50 cm hoch waren. Reiner Schotter und Sand als Pflanzgemisch ist natürlich ungeeignet,

Auf Details achten – das macht den Garten spannend: Blüten von *Verbascum bombyciferum* (Königskerze).

aber gemischt mit Kompost und etwas lehmiger Erde .... Also, in die Hände spucken und Erde untermischen. Der Kompost kam vom riesigen Komposthaufen der Schwiegereltern, der Humus lag noch in mächtigen Bergen hinter dem Haus. Drei Beete wollte ich gleich zu Beginn fertig stellen. Eines links vom Eingang mit Marille am Spalier und Nektarine frei wachsend. Dazu viele Frühlingsblumenzwiebeln und trockenheitsliebende Pflanzen wie Heiligenkraut, Lavendel und – was würde aus den erträumten Rosen beim Eingang? Über dem Vordach sollten sich doch einmal wie in einem Dornröschenschloss die Rosentriebe ranken! Jetzt wurde es kompliziert.

Rosen benötigen Lehm und viele Nährstoffe – also ein großes Pflanzloch graben und nur Lehmerde hinein. Bei Marille und Nektarine hingegen das Erd-Kompostgemisch. Bei den übrigen Pflanzflächen wurde nur oberflächlich Kompost eingearbeitet. Ob sie gedeihen würden?

Ganz prächtig! Die Rose – ein Abverkaufsstück – wächst und blüht alljährlich in unvorstellbarer Üppigkeit. Marillen gibt es in Hülle und Fülle. Und selbst die Nektarinen, die in unserer Gegend kaum gedeihen, fühlen sich wohl unter dem Schutz des Dachvorsprungs und bleiben von der Kräuselkrankheit verschont. Gedüngt wird wenig. Für die Bäume gibt es etwas Kompost vermischt mit Urgesteinsmehl, das die Nährstoffe bindet, und für meine Rose gibt es alljährlich organischen Rosendünger. Aus Gewohnheit. Denn ein Rosengärtner aus Deutschland meinte auf meine Frage, wie es denn möglich sei, dass hier

Kommen fast mit Sand und Schotter im Blumentopf aus: *Rhodohypoxis baurii.*

Wollige Königskerze und Spornblume – ideale Pflanzen für karge Böden.

in diesem Schotterboden die Rose so schön wachse, lapidar: „Bei dieser Größe holt sie sich die Nährstoffe aus bis zu drei Metern Tiefe". Also ist der Dünger wohl nur „Kosmetik".

Blumenzwiebeln sind Allrounder

Ganz anders ist es mit den vielen Frühlings-Geophyten – den Blumenzwiebeln. Im Laufe der Jahre sind hier dutzende Arten und Sorten zusammengekommen, die alle für einen sommertrockenen Standort passen und dennoch die Nährstoffe in tieferen Regionen schätzen. Da sind zum Beispiel die Steppenkerzen *(Eremurus)* oder die Präriekerzen *(Camassia)* in Blau und Creme. Dazu kommen noch eine Vielzahl von Narzissen und Traubenhyazinthen. Sie alle stehen ab dem Vorfrühling in voller Blüte und zieren so jenes Beet, das um diese Zeit wohl am meisten beachtet wird, denn es liegt unmittelbar neben der Eingangstür.

Südliche Stimmung

Trockenbeet Nummer zwei war dann ein Experiment. Die vielen Besucher im Garten sahen die Blütenpracht, beklagten jedoch ihren lehmigen, ja tonigen Boden. Diese schwere und feuchte Erde wäre für viele Gewächse aus dem Süden der sichere „Wintertod". Daher wagte ich an der feuchtesten Stelle, direkt zwischen Wald und Wohnhaus, ein Experiment. Gut 80 cm tief hob ich eine Grube aus und stellte all jene Wärmeisolierziegel hinein, die ich als Hinterlassenschaft der Maurer am Dachboden entdeckt hatte. 12 Stück sind es letztlich gewesen, die dann schon eine kleine Pyramide bildeten. Heiße inner-

...GENÜGSAMKEIT...

familiäre Diskussionen entbrannten. Was das wohl nun wieder sei? Derart unansehnliche neue Ziegel direkt vor der alten Ruinenmauer ....

Einen Tag später war die Welt wieder in Ordnung. Der Ziegelberg, der noch um Schutt und Schotterreste ergänzt wurde, ist mit Geovlies abgedeckt worden und darauf kam eine 15 cm hohe Schicht Splitt, der mit einem geringen Anteil an Rindenhumus vermischt worden war. Darauf legte ich als Zierde und zum Stabilisieren des Splitts einige vermooste Steine, die ich im Wald fand und bepflanzte diesen kleinen Hügel mit Gästen aus dem Süden – Majoran, Currykraut, Thymian, in den buntesten und würzigsten Sorten. Dazu (in Töpfen) meine Sammlung an Rosmarin und verschiedenen *Rhodohypoxis* sowie einige besonders empfindliche Stauden wie das Spanische Gänseblümchen *(Erigeron karvinskianus)*. Sie alle waren bisher an anderen Stellen im Garten kaum gut über den Winter gekommen.

Dickblatt *(Crassula)* – dicke, fette Blätter sind ein typisches Zeichen für eine Pflanze, die Wasser speichert und mit trockenen Böden gut leben kann. Viele Raritäten sind in meinem Garten zu finden; diese wächst im Schotterboden beim Weg um den Teich.

„Nicht winterhart" heißt es nun bei weitem nicht mehr so oft: Denn es zeigt sich einmal mehr: Südländer vertragen sehr wohl Kälte, was sie jedoch ganz und gar nicht mögen ist Staunässe im Winter. Der Hügel mit der fantastischen Dränage brachte den Erfolg. Auf einem Stück Gartenboden, das zuvor eher einer Sumpflandschaft glich.

Und schließlich kam mit einem dritten Streich beim Bau des Moores gleich eine ganze „Trockenbeetlandschaft" dazu. Entlang des Bachlaufs wollte ich zeigen, dass trockene und feuchte Lebensbereiche direkt nebeneinander liegen können: Spornblume, Lavendel, Königskerzen in den verschiedensten Sorten, dazu ein Ginster, der sich,

einem Bodendecker ähnlich, zwischen die Steinritzen schlängelt und dann – im Schatten: Felsenteller und als gelungene Probe: Astilben, die robusteste Art überhaupt, *A. chinensis* var. *pumila*, die hier in reinem Stein wurzelt und auch regelmäßig blüht.

Straßenbeet als Versuch

Im Versuchsstadium befindet sich ein Trockenbeetstreifen, der sich bei der Zufahrtsstraße entlang des Zauns ergeben hat. In den letzten Jahren wucherte hier meist der Löwenzahn, den ich nach der Blüte und vor dem Aussamen ausgejätet hatte. Die Natur führt aber auch da Regie: Felsennelken – meine beliebten Pflasterritzen-Pflanzen – beginnen sich auszubreiten, ebenso Akeleien und Bartnelken. Sogar erste Mini-Königskerzen sind zu finden. Ich helfe nun ein wenig nach und streue alle Samen, die im Garten ausreifen, auf meinen Schotterstreifen. Vielleicht wird daraus ja einmal eine blühende Straßenbegleitung!

Die Sandgrube

Ja, und fast hätte ich ein Trockenbeet vergessen, das ich meiner Tochter verdanke. Beim Bau des Ruinengartens war Karoline im idealen Sandkasten-Alter. Sollte also dort ein Sandkasten aufgestellt werden? Ich entschied mich für eine Innovation – die Sandgrube: Als Ende der Ruinenmauer ließ ich einige Kubikmeter feinen Sandspiel-Sand in eine mit Vlies gepolsterte Grube kippen. Über Jahre wurden hier Kuchen gebacken und Sandburgen gebaut, bis dieses Spiel Anziehungskraft verlor und Harry Potter Platz eins eroberte. So erhält mein Trockenbeet Schritt für Schritt mehr Platz – ein wenig Kies einarbeiten und der Rosmarin wächst. Wenigstens im Sommer. Wirklich winterfesten habe ich bis heute noch keinen gefunden.

TROCKENBEETE!!

beim Bach:

*) Verbascum olympicum (verzweigter Stiel)

Pflanzen:
- Königskerzen*)
- Spornblume
- Disteln?
- Bodendecker - Ginster
- Allium
- Verbena bonariensis
- Rosmarin "ARP" (sehr frosthart) [ABER 1x abgefroren!!]

*) Verbascum bombyciferum (filzige Blätter)

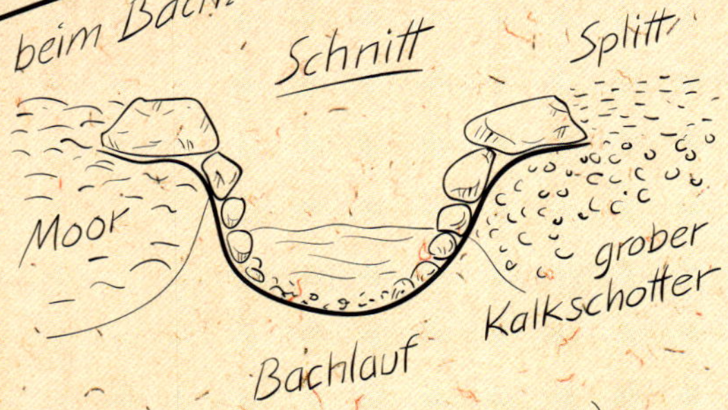

BEET mit Rhodohypoxis baurii (Deutsch:"?") beim Ruinenweg

Versuch: im "Sumpf"

TROCKENBEET Schnitt/Aufbau

PFLANZEN:
- Thymian
- Oreganum
- Rosmarin
- Polster Phlox
- Cyclamen neapolitanum

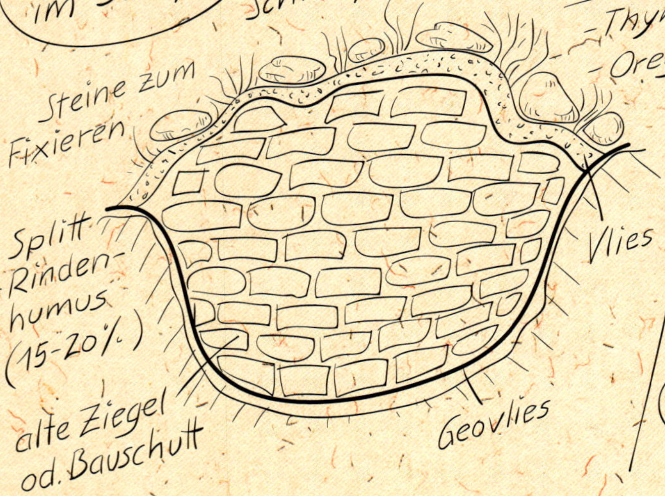

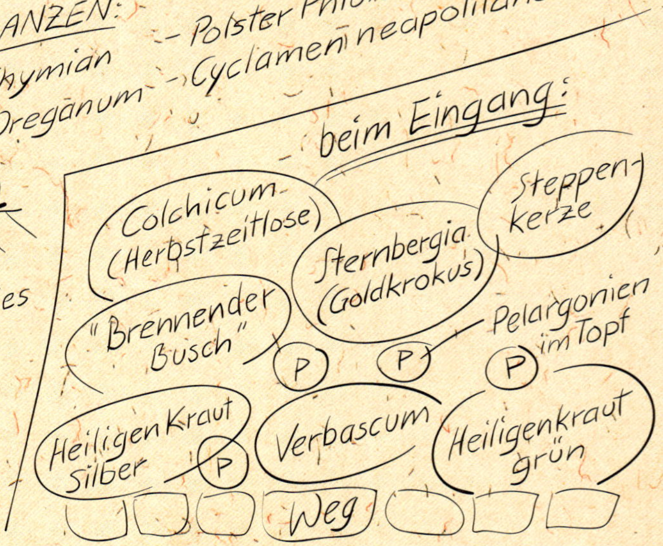

Ganz trocken – hinter den Steinen

Das sind Gärten, die überraschen! Selbst alte Hasen staunen immer wieder, wenn sie Trockenbeete bewundern. Woher nimmt eine Pflanze nur das Wasser, woher die Nährstoffe – woher die Wuchskraft? Das Erstaunliche an der Natur ist eben, dass es für alle Lebensbereiche die „richtige" Pflanze gibt. Es gibt Pflanzen, die aus dem Süden kommen und problemlos selbst nördlich der Alpen überleben. Achtung auf folgende Regeln:

1. **Trockenbeete in die volle Sonne**. Das garantiert von Anbeginn einen idealen Start. Aber, und das erstaunt: Es gibt auch Trockenbeete im totalen Schatten. Ja, so ist die Natur.
2. **Steine unter der Erde machen ein Trockenbeet**. Nicht der Kies oder Schotter, der auf den Beeten liegt, sondern das durchlässige Schottermaterial im Untergrund garantiert den Erfolg.
3. **Bauen Sie Beete als Hügel!** In einem sehr feuchten, verdichteten Boden kann das bloße Ausfüllen einer Grube mit Schotter zu einem unterirdischen Teich führen. Errichten Sie mit Hohlkammerziegeln (Wärmeschutzziegeln) kleine Hügel, die sie mit Vlies und Splitt abdecken.
4. **Sauer oder alkalisch – das ist die Frage**. Die Natur ist wählerisch und es klingt kompliziert. Wer sich aber an solche Spezialbeete heranwagt, sollte bedenken: Es gibt eben auch hier trockenheitsliebende Pflanzen, die Kalk lieben, und solche, die Kalk meiden!
5. **Plötzlich wird alles „frostfest"?** Es ist erstaunlich, aber tatsächlich so, dass Lavendel, Spornblume oder sogar Rosmarin im richtigen Boden selbst kälteste Winter überstehen. Nicht die Kälte macht ihnen zu schaffen, sondern die Staunässe.
6. **Düngen nicht vergessen**. Auch Hungerkünstler wollen ab und zu ein wenig Futter. Verwenden Sie Kompost, gemischt mit Splitt und Hornspänen. Das reicht.
7. **Achten Sie auf ungestüme Gäste**. So manche Trockenbeetbewohner, wie die Spornblume, säen sich enorm aus. Da heißt es eingreifen.

Rosmarin und *Rhodohypoxis*

Wenige nur werden diese Pflanzen kennen, aber ich liebe sie: *Rhodohypoxis* sind echte Dauerblüher aus dem Nichts. Sie leben in kleinen Töpfen mit Schotter und etwas Lehm und beginnen praktisch über Nacht zu blühen. Im Winter müssen sie aber frostsicher und ganz trocken aufbewahrt werden. Rosmarin kommt auch ins Glashaus und überwintert bei 1 °C perfekt. Auf das Substrat achten – Lehm, Kies, Sand und niemals Torf!

PFLANZEN FÜR EIN TROCKENBEET

Südliche Stimmung vermitteln Thymian und Lavendel (in verschiedenen Sorten), Origanum, Polster-Phlox und Efeublättrige Zyklamen. Als große Gehölze passen Sanddorn, Ölweide, aber auch Judasbaum und Sommerflieder dazu. Beim Sommerflieder gibt es auch eine „Bonsai"-Sorte: 'White Ball' wird nur knapp 60 cm hoch.

FRÜHL
KIND

NG, GLAS & ERTRÄUME

Gibt es für einen Gartenliebhaber etwas Schöneres, als mitten im Winter in ein warm beheiztes Gewächshaus zu gehen, dort die feuchte Luft einzuatmen und die Blüten von Orchideen, Kamelien und vielen anderen Gewächsen zu genießen? Die Gewächshäuser gehören zu meinen Lieblingsplätzen im Garten, sind mein Reich. Dort, wo ich Herr über Sonne, Wind und Regen bin – jedenfalls zeitweise.

Blühen rund ums Jahr – eine anhaltende Faszination

Der Blick ins Zyklamenhaus des Gärtners war der Auslöser für meine Pflanzenliebe. Oder sollte ich besser Pflanzensucht sagen? Damals, gerade erst 14 Jahre alt, habe ich mit meinen gärtnerischen Ambitionen bereits ein kleines Gewächshaus gebaut, aus Holzlatten und mit Plastikfolie. Und die Geschichte vom elektrischen Heizlüfter, der dann einen ganzen Winter lang lief und Zyklamen und Weihnachtssterne in wohliger Wärme wachsen ließ, aber die Stromrechnung ins Unermessliche katapultierte, kennen Sie ja schon.

Diese ersten Erfahrungen kombiniert mit dem Lieblingsbuch „Sonntagsgärtner unter Glas" von Karl-Heinz Hanisch brachten wahrscheinlich endgültig jene Leidenschaft in Schwung, die nun schon seit mehr als 30 Jahren anhält.

Ein Feuerwerk an Blüten: Ab Februar blühen die Kamelien. Einzige Vorliebe: kühler Standort und kalkfreie Erde.

Profi-Tipps für den Lehrling

Es waren vor allem die Tipps des Vöcklabrucker Gärtners, bei dem ich Nachmittage lang über die Gewächshaustische schaute und mir so quasi die Lehrjahre als Gärtner ersparte: Wie warm und wie kalt es im Glashaus sein soll. Dass die Nachttemperatur gegenüber der Tagestemperatur nicht zu stark abfallen darf, weil die Pflanzen sonst krank und vor allem von Blattläusen befallen werden. Warum zu viel Sonne genauso schlecht ist wie zu viel Schatten. Dass hohe Luftfeuchtigkeit wichtig ist, aber nicht immer und nicht zu jeder Jahreszeit. Und dass meine (und seine) Lieblinge – die Zyklamen – zum Keimen Dunkelheit benötigen.

Viele Tipps habe ich da in meinen „Lehrjahren" vom Profi bekommen und konnte so, 15 Jahre später, mit einem großen Wissensvorsprung meine Gewächshaus-Karriere vorantreiben. Im eigenen Garten baute ich mit meinem Bruder, der das Tischlerhandwerk gelernt hat, ein Holzgewächshaus. Dieses Mal verwendeten wir Lärchenholz. Das väterliche Fichtenholz des ersten Gewächshauses hatte nämlich bereits nach wenigen Jahren deutliche Zerfallserscheinungen gezeigt. Bei der Lärche setzte dieser Prozess erst nach 10 Jahren ein. Viele Wochenenden opferten wir, ehe die Bauteile montagebereit waren. Parallel dazu wurden die Fundamente betoniert und der gesamte Gemüsegarten gleich mit einer Betonmauer umgeben. So konnten lästige Wühlmäuse keinen Schaden mehr anrichten.

An dieser Stelle sei erwähnt, dass die Bauarbeiten genau im Juni jenes Jahres erfolgten, in dem es nahezu vom ersten bis zum letzten Tag regnete.

Keine Arbeit, sondern ein Genuss: Gießen im Gewächshaus.

Und: Es war das Jahr, in dem meine Tochter geboren wurde. So war die Freude meiner Frau groß, wenn ich schlammverschmutzt und nass bis aufs Unterhemd ins Haus kam. Aber die Zeit heilt Wunden und so steht das Gewächshaus nun tannengrün gestrichen und voll gefüllt mit Pflanzenschätzen in unserem Garten. Fast vollautomatisch erfolgt die Steuerung: Die Wärme kommt über eine Fernwärmeleitung aus dem Heizkeller des Wohnhauses, die Fenster öffnen sich mit elektrischen Fensterhebern, nur die Bewässerung ist nicht automatisiert. Ganz bewusst, denn beim Gießen erkenne ich sofort, ob eine Pflanze krank oder von Schädlingen befallen ist, oder ob sie Dünger benötigt.

... und noch ein Glashaus!

Zu meinem „alten" Gewächshaus gesellte sich fünf Jahre später das so genannte Kamelienhaus. Es ist nicht so komfortabel ausgestattet, hat nur eine elektrische Heizung und dient aus-

Blick ins Kamelienhaus: Zyklamen und Kamelien lieben die Kühle.

schließlich zur frostfreien Überwinterung von Kamelien, Azaleen und den nicht winterharten Zyklamen. Dieses Gewächshaus ist Ergebnis einer spontanen Entscheidung. Über den Sommer waren nämlich zahlreiche Kamelien dazugekommen, einige von Freunden als Geschenk. Alle standen herrlich dunkelgrün und über und über mit Knospen besetzt im Schatten der Rhododendren. Was tun? Im Keller überwintern? Das überleben sie nicht! Im Wintergarten unterbringen? Wäre perfekt, doch dann müssen wir auf winterliche Kaffeekränzchen in wohlig warmer Umgebung verzichten. Kamelien vertragen keine Wärme. Also blieb als Kompromiss nur der Bau dieser „Übergangslösung“, die nun schon fünf Jahre besteht ....

Wer ein beheiztes Gewächshaus besitzt, für den endet ein Gartenjahr nie. Schon im zeitigen Frühjahr kommen die ersten Schalen mit vorgetriebenen Blumenzwiebeln in die Wärme.

Innerhalb von wenigen Wochen liefern sie dann den ersten Frühlingsgruß: Märzenbecher, Tulpen, Krokusse und sogar Schneeglöckchen beginnen zu blühen. Wenig später sind (im Kamelienhaus) die ersten Kamelienblüten offen und dann geht es Schlag auf Schlag: Meine nicht winterharten Zyklamen *(C. persicum, C. graecum)* und die Tibetorchideen *(Pleione)* öffnen ihre Blüten.

...PFLANZENKINDER

Tag für Tag gibt es mehr Licht und mehr Leben kommt in die im Winter scheinbar erstarrten Pflanzen. Die Orangen- und Zitronenbäumchen zeigen wieder Lebenskräfte. Blüten verströmten einen betörenden Duft und in den unzähligen Saatschalen und Pikiertöpfen wachsen schon die Sommerblumen der nächsten Gartensaison heran.

Kinderstube der Pflanzen – im Frühling ist das Gewächshaus voll besetzt.

Der große Umzug

Der große Wechsel kommt im April: In milden Jahren wage ich es schon um Ostern, meine Kamelien ins Freie zu stellen. Hier bleibt die Blütenpracht dann noch viel länger erhalten als im Gewächshaus. Außerdem wird Platz geschaffen für die nun immer und immer größer werdenden Pflanzen: Gurken, Kürbisse, Tomaten und Sommerblumen – das Gewächshaus platzt aus allen Nähten. Die Duftpelargonien müssen umgetopft und zurückgeschnitten werden. Und schon ist der Mai gekommen. Die Eisheiligen sind für mich noch immer das endgültige Startsignal für die Kübelpflanzensaison. Klimaänderung zum Trotz – keine meiner Zitruspflanzen kommt früher auf die Terrasse vor dem Wintergarten, auch wenn das der wärmste Platz im ganzen Garten ist.

Plötzlich wird das Gewächshaus leer. Die Kamelien stehen hinter der Ruine und die Tibetorchideen bei den Rhododendren im Schatten der Garagenmauer, gut eingesenkt in feine Pinienrinde. Die Pelargonien finden nun im

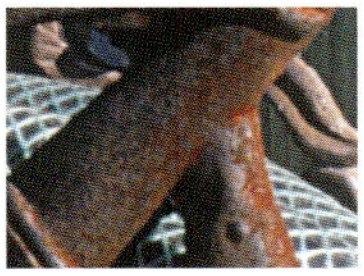

Zitronen-Pelargonien bleiben auch im Sommer im trockenen, heißen Kamelienhaus unter Glas.

Kamelienhaus Platz. Dort wird dann von „feucht" auf „trocken" umgestellt. So können auch die empfindlichsten meiner Pelargonien (meist) überleben.

Im „alten" Gewächshaus dagegen bleibt es warm und feucht: Hier haben die Schlangengurken in großen Töpfen ihren Auftritt. Drei 60-cm-Töpfe gefüllt mit Komposterde, Hornspänen als Dünger und Packungserde liefern die Basis für sechs Pflanzen, die dann das Gewächshaus erobern können. Im Hochsommer baumeln die 40 cm langen Gurken wie im Schlaraffenland im Glashausgiebel.

Wer meint, im Gewächshaus sei es im Sommer unerträglich heiß, irrt gewaltig. Es gibt nichts Schöneres, als an einem Hochsommertag bei 32 °C im Schatten in das leicht schattierte Gewächshaus zu gehen und einen feuchten Sprühnebel einzuschalten. Innerhalb von Sekunden purzelt die Temperatur um gut 5 °C. Der Wasserdampf kühlt und schafft ein Klima, bei dem man den Pflanzen beim Wachsen zusehen kann. Stecklinge wurzeln im Sommer überraschend schnell. Auch die zweijährigen Blumen, die im Glashaus vorgezogen werden, keimen so rasch, dass man sich in der Urlaubszeit mit dem Vereinzeln sputen muss, um „Langhälse" zu vermeiden.

Krankheiten und Schädlinge unter Glas

Aufpassen heißt es in den Gewächshäusern nur auf Krankheiten und Schädlinge. Stickige und nicht bewegte Luft sind die Hauptursachen für Pilzbefall. Daher lautet mein Grundprinzip: frische Luft, wann immer es möglich ist. Und unbedingt einen großen (aber Strom sparenden) Umluftventilator installieren, der Tag aus, Tag ein läuft und die Luft in Bewegung hält. So trocknen die Pflanzen rasch ab und Pilzsporen können sich nicht auf den Blättern festsetzen.

Was Schädlinge betrifft, ist die Temperaturführung das Wichtigste. Man sollte nicht von den Temperaturwünschen des Menschen ausgehen: Tagsüber am besten wohlig warm und nachts darf es schon recht frisch sein – da schläft man gut. Pflanzen reagieren auf solche Klimabedingungen ganz verschnupft. Ja, sie geraten in Panik – ohne dass man es sieht! Ihre Säfte werden mit einem zuckerhaltigen Stoff angereichert, um einen Temperaturschutz zu erzeugen. Dieses Glykol ist aber für Blattläuse ein Leckerbissen und so vermehren sich die lästigen Schädlinge explosionsartig. Daher gilt die Faustregel: Die Temperaturen sollten nachts nicht mehr als 5 bis 8 °C tiefer liegen als tagsüber. Gerade im Februar ist das oft schwer. Die kräftige Sonne heizt das kleine Gewächshaus oft auf 20 bis 25 °C auf. Nachts fällt dann die Quecksilbersäule bis knapp über den Gefrierpunkt ab. Es wäre gut, tagsüber ab einer Temperatur von 15 °C zu lüften und nachts etwa 8 bis 10 °C zu halten, was freilich meist nur mit einer Zusatzheizung möglich ist. Noch einen Schädling sollte man hier erwähnen. Er wird meist (zumindest bei mir) mit einigen neuen „Beutestücken" aus einer Gärtnerei eingeschleppt: die Weiße Fliege. Sie vermehrt sich im Gewächshaus explosionsartig, wenn man nicht rechtzeitig eingreift. Bei mir haben sich die großen

Gelbfallen bewährt, die als „Kirschfruchtfliegenfallen" im Handel erhältlich sind. Die gelben, mit Leim eingestrichenen Kunststofftafeln locken die weißen Tierchen an, die ihnen dann buchstäblich auf den Leim gehen. Aber nicht nur die Weiße Fliege wird angelockt, auch die Trauermücken fliegen auf Gelb und landen im Leim. Trauermücken sind im Kleingewächshaus oft ein Problem, denn die Erde trocknet zu langsam aus und so können die Schädlinge an den Topfoberflächen ihre Eier ablegen und sich stark vermehren. Besonders die Larven richten in Saatkistchen großen Schaden an. Wenn das Problem zu groß wird, greife ich zu einem absolut ungefährlichen Mittel, das unter „Gelsenfrei" oder „Neudomück" im Handel erhältlich ist. Nematoden (winzige Fadenwürmchen) tropft man in Regentonnen ein, um Gelsen zu vernichten. Im Gießwasser vernichten sie aber auch die Trauermücken-Larven. Ohne Nebenwirkungen!

Der Winter – ein Glashaustraum

Jetzt habe ich von den heißen Sommertagen geschwärmt, mit der tropisch feuchten Luft, fast wie im Dschungel. Aber noch besser ist ein klirrend kalter, aber strahlend schöner Februartag. Draußen: minus 20 °C! Und im Gewächshaus: + 15 °C! Die Sonne alleine schafft diese Energieleistung. Und so sind an den Glasflächen, die vorsorglich mit Polsterfolie eingepackt wurden, dicke Eispanzer. Manche Blätter frieren dort fest, überleben aber interessanterweise. Meine Akazie, die landläufig als Gärtner-Mimose bezeichnet wird, beginnt in dieser Zeit ihre Blüten zu öffnen. Jeder, der einmal einen Blumenstrauß zum Valentinstag bekommen und darin die gelben Blüten der Akazie gefunden hat, wird den Duft in der Nase spüren. Und das erlebe ich Jahr für Jahr in meinem kleinen grünen Paradies.

GLASHAUS

Seitenansicht

HOLZ:
- LÄRCHE (Gebirgslärche)
- FARBE (Osmo Color "Tannengrün")
- GLAS (5 m/m Einfachverglasung)

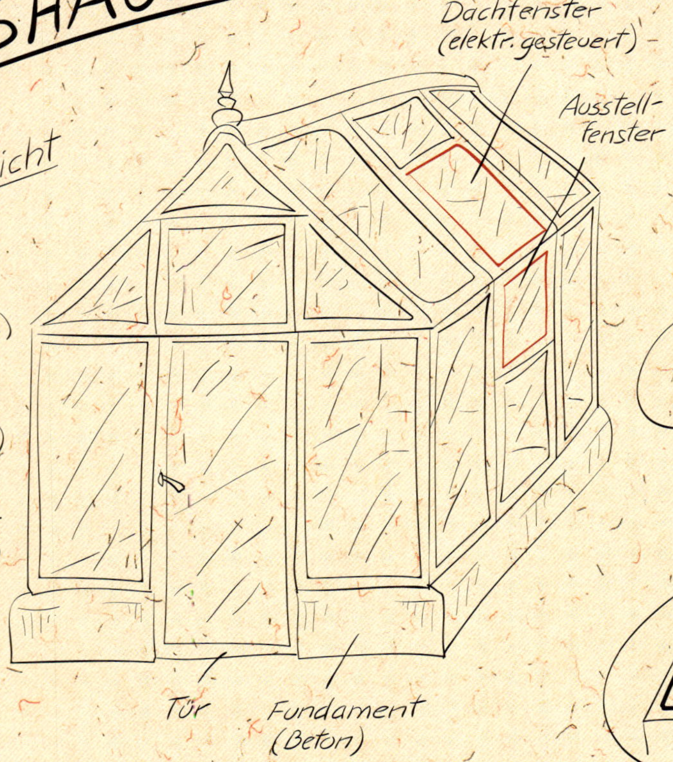

AUSSAATBEET

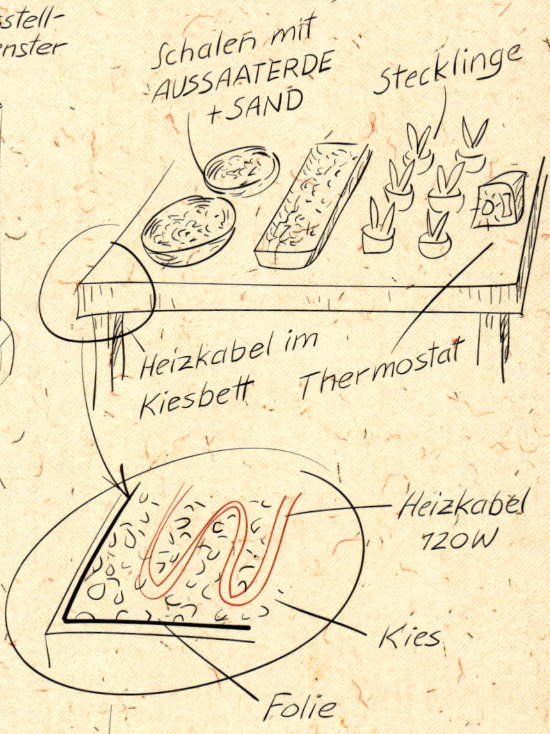

GRUNDRISS

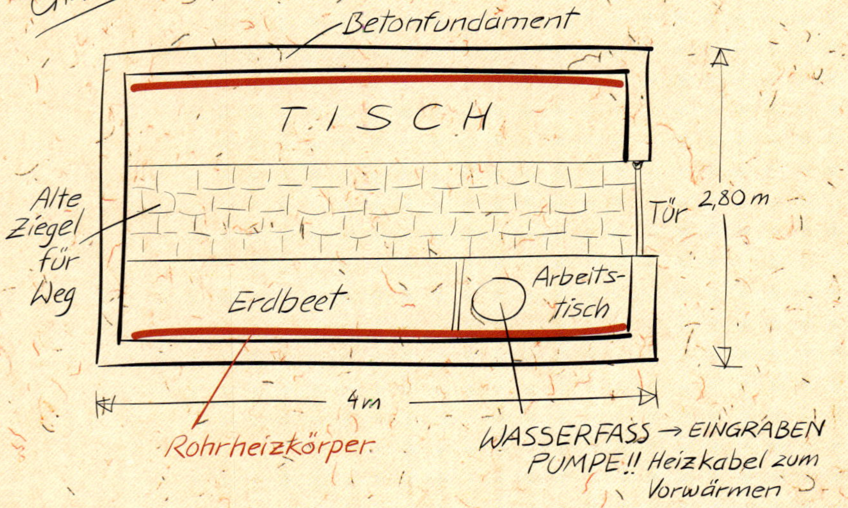

WICHTIG!

- Schattierung im Sommer (Kalk od. Schattierfarbe)
- Polsterfolie (für Winterschutz) Noppenfolie
- Gießwasser → vorwärmen
- Umluft!! → großer Ventilator

Wer im Glashaus sitzt, hat die schöneren Pflanzen

Den Traum, das Wetter zu bestimmen, gibt es seit ewigen Zeiten. Dieser Traum ist längst Wirklichkeit – nämlich im Gewächshaus. Hier ist der Gärtner Herr über Wärme und Feuchtigkeit. Hier gedeihen Pflanzen, die sonst nur im Süden vorkommen. Und selbst im tiefsten Winter kann es in einem Kleingewächshaus grünen und blühen. Einige Regeln sollte man jedoch beachten:

1. **Der sonnigste Platz ist der beste.** Jedes Gewächshaus, vor allem wenn es auch den Winter über genutzt wird, sollte an der sonnigsten Stelle des Gartens errichtet werden.

2. **Nur ausgereifte Technik verwenden.** Gewächshäuser müssen stärksten Witterungsbelastungen standhalten – ob Schneesturm oder Hagelgewitter. Verwenden Sie die besten Materialien, die es gibt.

3. **Heizen ist teuer.** Daher sollte gerade bei einem neu gebauten Gewächshaus auf gute Isolierung geachtet werden. Doppelstegplatten, Thermoglas oder aber Polsterfolie für den Winter helfen viel Energie zu sparen. Ein Direktanschluss an die Hausheizung ist bequem.

4. **Lüftung macht erst Wachstum möglich.** Neueinsteiger können gar nicht glauben, wie heiß es in einem Gewächshaus wird. Daher von vornherein für ausreichende Belüftungsmöglichkeiten sorgen – große Dach- und Seitenfenster sind wichtig.

5. **Bewässerung nicht vergessen.** Gerade in Winterzeiten ist es oft mühsam zu gießen, wenn man nicht direkt im Glashaus einen Wasseranschluss vorgesehen hat. Vorgewärmtes Wasser ist ideal– also ein Wasserfass mit Pumpe aufstellen.

6. **Für Schatten sorgen.** Die Hitze des Sommers ist im Gewächshaus unerträglich und bremst das Wachstum oder vernichtet die Pflanzen sogar. Schattierfarbe (früher nahm man Kalk) oder Schattiermatten vorsehen.

7. **Niemals zu klein bauen.** Gewächshäuser sind immer zu klein, aber eine Mindestgröße von 12 m^2 sollte ein beheiztes Kleingewächshaus schon haben.

Automatik schafft Bequemlichkeit

Gewächshäuser benötigen rund um die Uhr Betreuung. Man hält es nicht für möglich, wie rasch die Temperaturen in einem unbelüfteten Gewächshaus ansteigen. Selbst im Februar sind bis zu 30 °C möglich, im Sommer auch 60 °C! Das bringt jede Pflanze um – daher unbedingt eine automatische Lüftung einbauen, sonst kann man keinen Tag mehr wegfahren. Auch bei der Bewässerung sollte man auf Bequemlichkeit setzen – Tröpfchenbewässerung hilft hier perfekt.

ALU- ODER HOLZ-GEWÄCHSHÄUSER

Eine Frage, die nicht leicht zu beantworten ist. Witterungsbeständiges Holz ist teuer und kann nur von Experten verarbeitet werden. Hobbybastler können aber mit Holz viel leichter arbeiten. Unbehandeltes (silbrig glänzendes) Alu ist oft ein Fremdkörper im Garten. Immer mehr Firmen bieten deshalb auch grün beschichtete Gewächshaus-Konstruktionen an.

OR
SE
GEH

ZYKLAMEN, CHIDEEN & TENE ÖLZE

Bäume im Tulpenschmuck, Kamelien mit Duft und Veilchen, die im August blühen. In einem Sammlergarten gehören einzigartige Gehölze ebenso dazu wie Blumenzwiebeln und Kübelpflanzen. Besonders liebe ich die Alpenveilchen, ich besitze gleich einige hundert. Für sie alle heißt es: Willkommen im Garten eines leidenschaftlichen Sammlers.

...DER SAMMLER...

Cyclamen graecum ruht im Sommer und beginnt im Herbst zu blühen.

Meine Sammelwut

Was soll ich hier nur schreiben, um nicht als vollkommen wahnsinnig eingestuft zu werden? Meine Sammelwut! Wo beginnt sie? Wo endet sie? Aber ich bin ein positiv denkender Mensch und klammere mich an jenen Strohhalm, den mir eine liebe Gartenfreundin in ähnlicher Situation bei einem Vortrag reichte: „Sammler sind Menschen mit großer Leidenschaft".
Und da ist noch etwas. Ich bin stolz auf meine Sammlungen! Nicht alle will ich hier erwähnen und keine wird je vollkommen sein. Nicht zuletzt deshalb, weil immer wieder Pflanzenliebhaber neue Schätze zum Tausch bringen und weil sich meine Vorlieben auch immer wieder ändern. Aber manches bleibt – so meine Liebe zu den Alpenveilchen. Über sie habe ich ja schon in diesem Buch geschrieben. Sie haben mich zum Gärtner gemacht, sie haben mich gelehrt, mich in Geduld zu üben und sie haben mir gezeigt, wie groß die Vielfalt einer so kleinen Pflanzenart sein kann.

Erste Leidenschaft: Zyklamen

Eine Wanderung auf einen Berg im Salzkammergut führte mir das heimische, damals noch *Cyclamen europaeum* benannte Wildalpenveilchen erstmals vor Augen – oder besser vor die Nase. Noch heute erinnere ich mich an jene Stelle im Wald, wo ich erstaunt als Schulbub, der mit Schwester und Schwager unterwegs war, niederkniete und an den Blüten schnupperte. Ich dachte, dass hier die Natur wohl

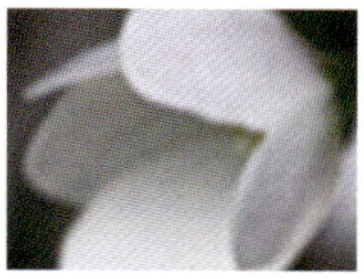

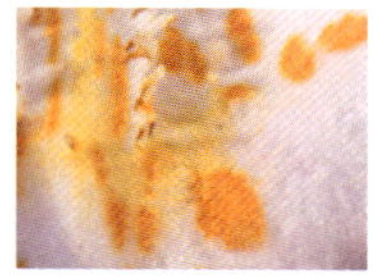

einen Irrtum begangen haben musste. Denn „mein" Gärtner in Vöcklabruck hatte mir doch alles über Alpenveilchen erzählt – allerdings nur über die Gärtner-Alpenveilchen, also *Cyclamen persicum*. Und die seien keinesfalls winterhart, trichterte er mir ein.
Es gibt also auch noch andere! Die kindliche Entdeckungslust nahm ihren Lauf. Immer mehr lernte ich über diese Pflanzen kennen. Nicht von heute auf morgen, aber im Laufe der Zeit. Als ich meinen eigenen Garten hatte, konnte die Sucht endlich in vollem Ausmaß ausbrechen.

Eine Leidenschaft, die auch duftet: das heimische Wald-Alpenveilchen – *Cyclamen purpurascens*.

Vielfalt und Variation – auch beim Wald-Alpenveilchen *(Cyclamen purpurascens)*, das wild bei uns wächst.

Eine Zyklamengärtnerei

Anteil daran hatte eine kleine Gärtnerei, die ich bei meinen britischen Gartenreisen in der Grafschaft Kent entdeckte: Tile Barn Nursery. In den drei kleinen Gewächshäusern eröffnete sich für mich ein Paradies. Tausende Alpenveilchen standen hier in den unterschiedlichsten Arten und Sorten, Blütenfarben und Blattformen. 20 verschiedene Arten gibt es, vom heimischen Wald-Alpenveilchen *(Cyclamen purpurascens)* bis zu den griechischen, afrikanischen und türkischen Spezies. Hier alle zu erwähnen würde den Umfang des Buches sprengen.

Dennoch möchte ich zwei meiner allerliebsten Arten anführen. Da ist einmal das heimische Alpenveilchen, das direkt hinter unserem Haus im Wald wächst und alljährlich ab Mitte August zu blühen beginnt. Dann reckt *„purpurascens"*, wie die Sammler im „Pflanzenchinesisch" (ich zitiere eine Radio-Hörerin) sagen, die Blütenhälse aus dem Waldboden und verströmt einen betörenden Duft. Erinnerungen an meine erste Bekanntschaft mit dem Alpenweilchen werden alljährlich wach. Freilich nicht nur im Wald – gut 30 Töpfe mit Zyklamen stehen bei mir in den Frühbeeten, gut schattiert und vor zu viel Sonne geschützt. Mit den unterschiedlichsten Blüten und Blättern.

Einige zum Beispiel mit silbrigem Laub, wie sie in dieser Form nur im Bereich des Gardasees vorkommen. Fast alle habe ich in den letzten Jahren aus Samen gezogen, einige aber auch von lieben Gartenfreunden als Pflanzen erhalten. Und einige sogar aus meiner kleinen Gärtnerei in England mitgebracht. Wobei es dort interessanterweise besonders schwierig ist, *C. purpurascens* zu kultivieren. Wenigstens eine Pflanze, bei der wir gegenüber den Briten im Vorteil sind.

Gezogen werden meine „Waldzyklamen", wie ich sie für die Besucher immer bezeichne, in einer Erde, die humos ist, aber groben Kalksplitt enthält. Gedüngt werden sie praktisch nie, im Frühjahr bekommen sie allerdings dann und wann ein wenig Knochenmehl. Gegossen wird nach Gefühl, meist im Frühjahr und dann wieder ab August, wenn das Wachstum beginnt.

Der zweite wirkliche Liebling unter den Zyklamen ist *Cyclamen intaminatum:* Sie stammt aus der Westtürkei, wurde erst 1934 entdeckt und ist ob ihrer Kleinheit für mich ganz einzigartig. In unseren Breiten ist sie nicht wirklich winterhart und steht daher bei mir in Töpfen im Kamelienhaus, wo sie jedes Jahr im Herbst ihre kleinen Blüten öffnet. Blüte und Stängel zusammen sind nicht größer als ein Streichholz.

„Was ist jetzt los, Papa?"

Ich erinnere mich noch gut, als ich vor einigen Jahren ein paar Tage nicht zu Hause war und dann ins Gewächshaus kam: Alle Minizyklamen standen in voller Blüte. Jeder Stock war mit dutzenden Blüten geschmückt. Voll Freude schnappte ich ein Töpfchen und lief damit ins Haus, wo meine Frau und

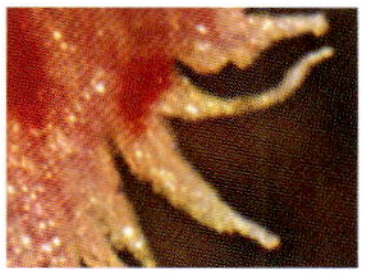

meine Tochter beim Frühstück saßen. Mit glänzenden Augen stand ich da und als einzige Reaktion kam von meinem Töchterchen: „Mama, was ist mit Papa los?" Und ich wusste – jetzt war der Enthusiasmus mit mir durchgegangen ....

Schneeglöckchen, eine britische „Infektion"

Warum interessiert man sich plötzlich für eine Pflanzenart? Eine Frage, die ich bis heute nicht beantworten kann, obwohl ich mich immer wieder beobachte. Bei den Schneeglöckchen waren es mehrere Ursachen, konnte ich später analysieren: ein Bericht in der Zeitschrift „The Garden", der Mitgliedszeitschrift der Royal Horticultural Society. Hunderte Schneeglöckchen wurden in diesem Artikel vorgestellt. Dazu Bilder von Ausstellungen, die jeden Februar im Rahmen von „Snowdrop Days" stattfinden.

Also gut: Die ersten Bestellungen sind schon aufgegeben, neue Kataloge flattern ins Haus. Im Internet finden sich immer mehr Quellen und plötzlich erreicht die Sammlung die stattliche Größe von fast 100 verschiedenen Schneeglöckchen. Freilich – was hier alles so wunderbar klingt, wird immer wieder von Rückschlägen begleitet. Gerade bei den Schneeglöckchen, die sich manchmal nur durch zarte Streifen in der Blüte, manchmal aber auch durch besonders große Erscheinungsformen unterscheiden, macht mir ein Schädling Sorgen: Die Narzissenfliege. Weit über zwei Dutzend Töpfe landeten schon auf dem Kompost, weil dieser gefräßige Schädling nichts von der kleinen Zwiebel übrig gelassen hat. Aber vielleicht machen gerade diese

Schneeglöckchen – eine echte Sammlerpflanze mit einem Feind: die Narzissenfliege.

Probleme das Experimentieren so interessant! Erst im letzten Jahr haben die äußerst seltenen Herbst-Schneeglöckchen wieder ihre Blüten geöffnet. Nicht nur *Galanthus reginae-olgae* sondern auch *Leucojum autumnalis*, die Herbst-Knotenblume, die ich mittlerweile ebenfalls sammle ....

Leberblümchen, japanischer Sammlerhit

Und dann sind da noch die Leberblümchen *(Hepatica)*. In vielen Teilen Österreichs sind sie die ersten, die so richtig für Blüten sorgen. Tiefblau und in Unmengen stehen sie in den Wäldern. Das wäre an sich kein Grund, sie zu sammeln. Aber es gibt nicht nur die heimischen *(Hepatica nobilis)* sondern viele andere. Rot und weiß blühende Arten, die gefüllte Blüten haben und, und, und.... In Japan gelten diese Pflanzen als die Liebhaberpflanzen schlechthin. Da kann es schon vorkommen, dass man für eine ganz besondere Züchtung

oben: Schneeglöckchen *(Galanthus)*
unten: Leberblümchen als Frühlingsstar: *Hepatica nobilis* 'Rubra Plena'

auch 2.000 Euro und mehr bezahlt. Nur zur Klarstellung – solche habe ich nicht. Aber so manche Rarität steht schon in meinem Garten. Leberblümchen benötigen Schatten und Laubhumusboden, der aber Kalk enthält.

„Dealer" für diese Sucht war eine Gärtnerei in Norddeutschland – Alpine Raritäten Peters – und (wieder einmal) eine Gärtnerei in England. Westlich von Birmingham liegt Ashwood Nurseries. Die schönste und perfekteste Gärtnerei, die ich kenne, betrieben

von leidenschaftlichen Pflanzenliebhabern und mit einer riesigen Auswahl an *Cyclamen, Hepatica, Helleborus, Lewisia* und vielen anderen.

Rosmarin, mehr als Gewürz

Dort habe ich auch noch eine Pflanze entdeckt, deren Duft ich einfach liebe: Rosmarin. In Ashwood stand eine dieser wunderbaren Würzpflanzen mit grün-weißen Blättern. Passt perfekt in meine Sammlung, wo nun schon an die 30 verschiedene Rosmarinsorten gedeihen – der traditionelle blau blühende, ein weiß blühender, ein rosaroter. Auch hängende, streng aufrecht wachsende und sehr frostbeständige Sorten findet man hier. Wichtig bei Rosmarin ist die Erde: niemals Torf, sondern ein Substrat, das aus Lehm, Sand und Schotter besteht – da überlebt er auch den Winter im Winterquartier und wird nicht zur Wegwerfpflanze.

Kamelien: Blüten des Winters

Schon bald nachdem ich mein erstes Gewächshaus errichtet habe, fiel mein Interesse auf eine Pflanze, die in fast allen alten Gartenbüchern ausführlich beschrieben wird: die Kamelie. Über Jahrhunderte begeisterte ihre Blütenvielfalt die Gärtner und es wird sogar mancherorts behauptet, dass die Kamelie weiter verbreitet sei und intensiver gezüchtet wurde als die Rose. Ob das stimmt, kann ich nicht sagen, jedenfalls nimmt sie im asiatischen Raum einen viel größeren Stellenwert ein als bei uns. Eigentlich muss es heißen – als bei uns jetzt. Denn vor gut hundert Jahren war alles anders.

Blüten mitten im Winter: *Camellia japonica*, eine echte Energiesparpflanze. Sie liebt die Kühle.

Ganze Glaspaläste ließen sich manche Herrscher bauen, um darin mit den neuesten Kamelien aufzutrumpfen.

Meine ersten Kamelien kamen per Post aus Norddeutschland. Für einen Fernsehbericht wollte ich beweisen, was in Büchern nachzulesen ist: Kamelien sind gar nicht so empfindlich, wie vielfach

Ein Platz zum „Übersommern" – gleich bei den Rhododendren stehen die Kamelien. ganz rechts: Der heimische Frauenschuh – *Cypripedium calceolus* – liebt Kalk und bildet große Stöcke.

vermutet wird. Das Umstellen der Kamelie auf einen anderen Standort in voller Blüte wird heute noch von vielen Gärtnern als Todsünde bezeichnet, auf die diese Pflanze mit Blatt- und Knospenabwerfen reagiert. Daran ist rein gar nichts wahr. So kamen die ersten Pflanzen im großen Postpaket – zum Teil mit dicken Knospen, zum Teil sogar schon blühend. Im kühlen Gewächshaus aufgestellt, erholten sie sich binnen kurzer Zeit von der Reise und alle Knospen öffneten sich. Auch hier wäre es wieder grob fahrlässig, wenn ich nur einige wenige nennen würde, so groß ist die Vielfalt. Meine Strategie bei der Auswahl: Grundsätzlich suche ich nur nach Kamelien, deren Blüten duften. Von ihnen gibt es mehr, als man denkt, nur sind sie üblicherweise nicht im Handel, wo es nämlich nur um schnelles Wachstum und schöne, große Blüten geht. Die Blüten der duftenden Sorten mögen vielleicht ein wenig kleiner sein, aber wenn sich ab Februar der Duft verbreitet, kommt jeder Gärtner auf seine Rechnung.

Exotik im Glashaus

Wichtig – um noch einmal den Ruf der Kamelien zu retten – ist bei diesen Pflanzen nur eines: ein Standort, der im Winter niemals eine Temperatur über 15 °C aufweist. Die Luftfeuchtigkeit sollte ein wenig höher sein, denn extrem trockene (Heizungs-)Luft mögen diese Exoten ganz und gar nicht. Sie lassen dann die Knospen fallen.

Im Frühjahr nach den letzten starken Frösten kommen die Töpfe ins Freie in den Halbschatten, bei mir hinter den Ruinengarten und zwischen die Rhododendren. Dort „übersommern" sie, bekommen bis Mitte August „sauren" Dünger, wie es ihn für Moorbeetpflanzen gibt und wandern Anfang November wieder ins Gewächshaus. „Wandern" ist gut! Die Töpfe werden immer größer und so manches Exemplar kam schon unter die Schere, damit es im Glashaus überhaupt verstaut werden konnte. Sie stehen eng bei einer Temperatur von exakt 1 °C. Ab Februar, wenn die Sonne ihre Kraft zurückerlangt, steigt das Thermometer auf etwa 12 °C. Und dann beginnt wieder das große Blühen. Leider nur für mich alleine und beinahe unter Ausschluss der Öffentlichkeit, im Gewächshaus. Aber das haben eben solch extravagante Pflanzen an sich – sie lassen sich nicht gerne zusehen.

Ganze neue Liebschaft: Erdorchideen

Diese Vorfrühlingszeit im Gewächshaus macht das Leben eines Gartenliebhabers so schön. Wir erleben das, was Nichtgärtner nur für einige Wochen erleben, gleich zwei, drei Monate lang. Neben den Narzissen, die in meinem Gewächshaus in Töpfen vorgetrieben werden, sind bereits die ersten Frühjahrs-Zyklamen in Blüte und dazu seit einigen Jahren auch noch die Erdorchideen. Ein Blütenfeuerwerk sondergleichen!

Schon bei der Vorbereitung für dieses Buch war der Fotograf begeistert:

Die Tibetorchidee *(Pleione)* – ihre Blüte kommt aus dem Nichts.

Erdorchideen sind wirklich einzigartig. Die schönsten unter ihnen sind Pleionen. Sie kommen meist aus dem Himalajagebiet, vor allem aus Tibet und China und werden daher oft als Tibetorchideen bezeichnet. Aus dem Nichts erscheinen ab Februar die Blüten – manchmal bis zu zehn Zentimeter im Durchmesser. Direkt aus der Erde, ohne ein einziges Blatt. Rot, rosa, weiß und gelb – in allen Schattierungen gibt es ihre Blüten. Je nach Witterung dauert das Schauspiel mehrere Wochen lang, denn die einzelnen Sorten blühen zu unterschiedlichen Zeitpunkten.

Lebkuchenbaum *(Cercidiphyllum japonicum)*

Kultiviert werden die Bulben, die aussehen, als wären sie kleine Tulpenzwiebeln, in einem Substrat, das aus Pinienrinde, Nadeln und etwas grobfasrigem Torf besteht. Darin bilden sich erst nach dem Abblühen die ersten Wurzeln und dann erscheinen pro Bulbe ein, zwei Blätter. Bis zum Herbst dauert diese Wachstumsphase, in der die Orchideen einen halbschattigen und luftfeuchten Standort benötigen.
Ab Oktober färben sich die Blätter gelb und dann ist es höchste Zeit, das Gießen einzustellen. Absolut trocken werden sie nun die nächsten Wochen im obersten Regal des Kamelienhauses stehen. Werden durch die Temperatur von nur 1 °C ihre Blüten ausbilden und ab Februar wieder in voller Pracht erstrahlen.

Große Leidenschaft – besondere Gehölze

Des Biogärtners Leidenschaft sind Wildsträucher – heimische Wildsträucher. In ihrer Umgebung kann sich die Natur ein ökologisches Gleichgewicht schaffen. Dennoch darf man nie vergessen, dass unsere Gärten Kulturlandschaften sind. Daher ist es auch unser „Recht", den einen oder anderen nicht heimischen Baum oder Strauch zu pflanzen. So finden sich bei mir im Garten die ganz und gar nicht heimischen Rhododendren und Azaleen. Ihre Blüten im April und Mai sind einfach ein Traum – auch wenn die Kultur in unseren Breiten mit viel Mühe verbunden ist. Nur wer in unserer kalkreichen Gegend den Boden großzügig austauscht, wer Jahr für Jahr kräftigt „sauer" düngt und auch ab und zu immer wieder Laubkompost oder Torf aufbringt, wird bei Moorbeet-Pflanzen gesundes Wachstum erzielen.

Lebkuchenduft im Spätherbst

Ähnlich exotisch ist auch die Gehölzesammlung beim Eingang: Da steht ein Gewöhnlicher Judasbaum *(Cercis siliquastrum)* der sich auf dem schottrigen Untergrund sehr wohl fühlt und

Der Winter-Jasmin *(Jasminum nudiflorum)* zaubert selbst im Schnee gelbe Blüten hervor.

(beinahe) jedes Jahr seine kleinen Blüten öffnet, die dicht an dicht an Ästen und Stamm blühen. Dieser Stammblüher mag nur eines nicht – Spätfrost! Kommt es dazu, gibt es keine Blüten und der eine oder andere Ast stirbt ab. Ein paar Meter weiter steht noch eine Art Judasbaum – der Lebkuchenbaum *(Cercidiphyllum japonicum)*. Er bildet zwar nur unscheinbare Blüten aus, seine leuchtend gelb bis rot gefärbten Blätter sorgen aber im Spätherbst für eine Überraschung. Fällt das Laub zu Boden, verschließt der Baum die kleinen dabei entstehenden Wunden mit einer Substanz, die deutlich nach Lebkuchen riecht. Dieser Lebkuchenbaum hat schon unseren Briefträger begeistert – in den ersten Jahren war er ein wenig skeptisch, ob das, was ich da erzählte, wirklich stimmte. Später aber verkündete er mit Stolz, es sei der Spätherbst da – jetzt komme die Lebkuchenzeit. Genau das macht für mich den Reiz eines Gartens aus. Immer wieder Überraschungen und dennoch ein gewohnter Jahresablauf.

Die Kornelkirsche *(Cornus mas)*, ein Wildstrauch, beeindruckt mit gelben Blüten und später roten Früchten.

Süße Wolken im Frühjahr

Apropos Überraschungen: Beim Eingang stehen noch einige solcher besonderen Gehölze – zum Beispiel der Winter-Jasmin *(Jasminum nudiflorum)*, der oft schon im Januar seine kleinen, gelben Blüten öffnet. Und dann der Winter-Schneeball *(Viburnum*

Eine Blütenweide im Frühjahr ist die Felsenbirne (Hier im Bild: *Amelanchier lamarckii*). Später ist sie über und über voll mit Früchten, die sich gut zu Marmelade verarbeiten lassen, wenn einem die Amseln nicht zuvor kommen.

x bodnantense) und mein wirklicher Liebling: das Duft-Geißblatt *(Lonicera x purpusii).* Die Geißblatt-Blüten sind nicht besonders auffallend, der Duft dagegen umso mehr. Süße Wolken „schweben" ab Februar wochenlang ums Haus und vermischen sich mit dem Duft von Hyazinthen und Narzissen, von denen sich einige hundert im Laufe der Jahre angesammelt haben.

Tulpen und Taschentücher am Baum

Wir bleiben bei den Gehölzen, denn da gibt es noch einen ganz bedeutenden Baum, am unteren Ende des Gartens: den Tulpenbaum *(Liriodendron tulipifera)*. Im Juni schmückt er sich mit den gelbgrünen Tulpenblüten, die ihm den deutschen Namen gaben. Dieser Baum wird möglicherweise einmal zu groß. Aber er hat eine ganz besondere Bedeutung. Er ist der Taufbaum unserer Tochter Karoline. Prächtig hat er sich in den letzten neun Jahren entwickelt.

Duft-Geißblatt *(Lonicera x purpusii)* – keine andere Pflanze öffnet ihre stark duftenden Blüten über einen so langen Zeitraum.

Scheinhasel – (Hier im Bild: *Corylopsis pauciflora*) – noch ehe sich das Laub bildet, öffnen sich die schwach duftenden, hellgelben Blüten.

Als kleines Bäumchen wurde er gesetzt, nun hat der Stamm schon einen Umfang von fast 25 cm. Solche Lebensbäume sind etwas Besonderes. Immer wieder gehe ich mit Karoline zu ihrem Baum. „Papa, wie alt wird der?" lautet ihre Frage. Ich kann sie nicht beantworten – aber trotzdem oder gerade deshalb ist das Ziehen von Lebensbäumen ein schöner Brauch.

Ein noch sehr junger und etwas zerbrechlicher Baum passt in diesen Reigen. Kein Lebensbaum, sondern ein besonders schicker Gartenbewohner: der Taschentuchbaum *(Davidia*

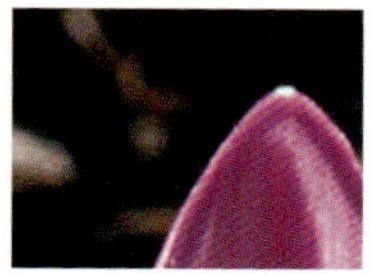

Nur für Spezialisten unterscheidbar: die Sorten der gelb blühenden Clematisarten.

Die kleinen Bäume – auf meinem Linzer Balkon waren sie Gartenersatz und sind jetzt im „großen“ Garten noch immer willkommene Besonderheiten.

involucrata). Er steht beim Moor und hat erst heuer einen seiner Hauptäste verloren – vermutlich eine Pilzkrankheit, die er sich nach einem gewaltigen Hagelunwetter vor einigen Jahren zugezogen hat. Seither platzt die Rinde, die damals arg in Mitleidenschaft gezogen wurde, immer wieder auf. Dennoch schmückt er sich wenigstens mit einigen „Taschentüchern“. Diese Scheinblüten, die eigentlich so wie die des Weihnachtssterns gefärbte Hochblätter sind, erregen besonderes Aufsehen. In englischen Gärten werden oft bewusst nur an den Tagen die Gartentüren geöffnet, an denen der Taschentuchbaum, der dort „Taubenbaum“ genannt wird, in Blüte steht. Dann trinkt man im Schatten des Baumes Tee.

MEINE RARITÄTEN

Sammlungen

Cyclamen

heimische:

C. purpurascens
- Kalk
- Humus (Laub: ideal = Buche)
- Halbschatten
- nie ganz trocken

→ Spätsommer BLÜTE

DUFT!!

C. coum
- im Freiland
- Humus/Lehm/Kompost

→ Blüte Frühjahr

C. hederifolium
- Schotter
- Sand
- sonnig
- Sommer trocken

→ Blüte im Herbst

intaminatum

nicht winterhart

- Sand
- Kies
- etwas Lehm
- trocken im Sommer

→ Blüte im Herbst

Meine „Lieblinge"
- Cyclamen (Alpenveilchen)
- Hepatica (Leberblümchen)
- Galanthus (Schneeglöckchen)
- Kamelien
- Rosmarin
- u.v.a.

LEBERBLÜMCHEN

Hepatica:
- nach der Blüte umpflanzen
- Schatten
- Laub/Lehm/Kalk
- feucht/nie nass!

ROSMARIN

Erde OHNE TORF
- Lehm
- Sand
- Kies

Bei Neukauf Torferde ausschütteln

→ Stecklinge im JULI!

Schneeglöckchen

für Sammlung: FREILAND!!
- im Lehm/Sand/Kies geht's gut
- im Topf gute Drainage aus Kies

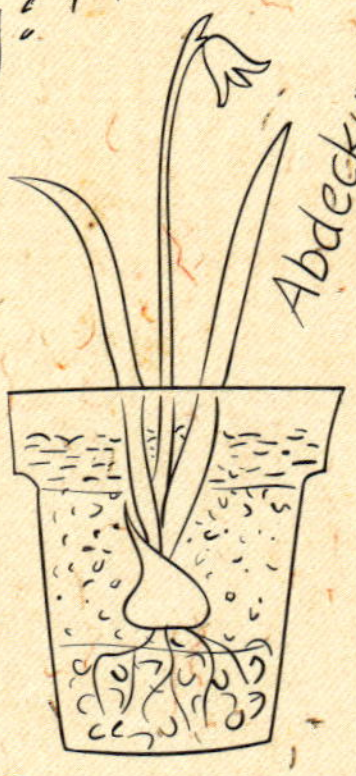

ACHTUNG! Narzissenfliege

Kamelien

Erde
- Torf
- etwas Pinienrinde
- Tongranulat
- Hornspäne

Blüte: JAN – MAI

IM FREIEN/HALBSCHATTEN TORF: JUN. – OKT.

ENDE DÜNGEN: Ende AUG.

Gewächshaus bei 0–10 °C

JAN F M A MAI JUN. JUL. AUG. SEPT. OKT. NOV. DEZ.

Pflanzensammlungen sind nie vollständig

Kaum jemand, der nicht begeistert ist, wenn er eine Sammlung einer bestimmten Pflanzenart sieht. Ob Pelargonien, die einmal kakteengleich wachsen oder ein andermal mit duftenden Blättern überzeugen, ob meine geliebten Zyklamen, die einmal duftend im Wald wachsen und ein anderes Mal im staubtrockenen Kies ihre zarten Blüten öffnen – es gibt Millionen von Pflanzen. Und alle haben eines gleich – sie warten darauf, bestaunt zu werden:

1. **Auf den Standort achten**: Wählen Sie eine Pflanzenart, die in ihrem grünen Paradies die idealen Wachstumsbedingungen vorfindet – Fuchsien lieben Halbschatten, Pelargonien Sonne und Zyklamen brauchen sowohl als auch.
2. **Achten Sie auf die Erde**. Nur das richtige Substrat schafft Bedingungen, die Erfolg garantieren.
3. **Achten Sie auf den Pflegeaufwand**. Gehölze im Garten wachsen beinahe von selbst, wenn die Voraussetzungen stimmen. Eine Rosensammlung kann so zum Juwel werden.
4. **Pflanzen sammelt man nicht wie Briefmarken!** Es gibt kein Album und keinen Katalog. Doch Zeitschriften wie „Grüner Anzeiger", vor allem aber das Internet schaffen weltweite Recherchemöglichkeiten.
5. **Denken Sie an den Naturschutz** und die damit verbundenen Gesetze. Viele besondere Raritäten – vor allem bei Orchideen – sind teurer als Edelsteine. Sie werden deshalb aus ihren Heimatländern geholt. Das ist verboten! Kaufen Sie nur bei vertrauenswürdigen Händlern.
6. **Besorgen Sie sich die passende Literatur**. Einige Fachverlage bieten so genannte Monographien für eine Pflanzengattung an. Manchmal ist der Griff ins englische Buchregal nötig: Hier findet man dicke Schmöker über Schneeglöckchen, Erdorchideen und viele andere Pflanzen, leider meist sehr teuer.
7. **Bleiben Sie Sammler** und werden Sie nicht Fanatiker. Es ist ein schmaler Grat, den man geht. Doch für den Sammler gilt: Die schönsten Pflanzen sind die fehlenden!

Pflanzenraritäten, hautnah

Es gibt keine bessere Möglichkeit, sich mit einer Pflanzenart auseinander zu setzen, als in einem Botanischen Garten. Auf Sammlerbörsen, die oft in solchen Gärten stattfinden, kann der Grundstock gelegt werden. Später lohnen sich freilich ausgiebige Reisen. England lege ich Ihnen ans Herz, den der Kew Gardens, Wisley Gardens (mit Kaufmöglichkeit) und einiger Spezialgärtnereien (z. B. ausschließlich für Zyklamen mit einigen hundert (!) Sorten).

BESONDERER REIZ: BLUMENZWIEBELN

Zur echten Einsteigerdroge können sich Blumenzwiebeln entwickeln. Sie sind meist in großer Vielfalt in jedem Gartencenter zu bekommen. Ob Narzissen, Tulpen oder Krokusse – die Sortenvielfalt ist riesig. Und enorm ist auch die Wuchskraft dieser kleinen Kraftpakete. Den handelsüblichen Sorten folgen meist die Wildarten und schon ist man bei Raritäten, wo eine Schneeglöckchenzwiebel um stolze 100 Euro und mehr verkauft wird.

GEHEN
NATUR

STEHEN & GENIESSEN

Ach, wie groß ist doch der Garten, fast 2.500 m^2! Wozu sorge ich mich, ob die Wege zu breit, die Sitzplätze zu groß und die Terrassen zu wuchtig sind? Auf dem Papier sieht doch alles ganz klein aus. Die vielen Tipps aber, die man erhält, verwirren ein wenig: Wege nicht zu breit anlegen, Terrassen nicht zu hoch über dem Normalniveau planen, und ein Garagenvorplatz, bei dem die Steine nur in Sand verlegt sind, wird schnell holprig und unansehnlich.

...SCHRITT UND TRIT

Träume von viel Natur

Was träumte ich nicht von Wegen wie die in dem Englischen Garten, damals: Ein Band, das verbindet, geschmückt von Blüten und Grün. Wo Königskerzen in den Pflasterfugen wachsen dürfen und Glockenblumen als „Bonsai"-Exemplare die Steinplatten begleiten. Der August 1992 war einer der heißesten Monate. Tagtäglich waren wir auf der Baustelle. Wir mussten Anfang August ins neue Haus einziehen, denn die Wohnung war mit Ende des Monats nicht mehr verfügbar. Also hieß es in die Hände spucken und Küche bauen, Stiege errichten und natürlich putzen und nochmals putzen.

Es blieb keine Zeit für den Garten. Auch wenn die wenigen Momente der Erholung schon am Gartenteich stattfanden. Rundherum waren nur einige Rasenflächen und viel, viel Schotter. Die Hauptwege hatte ich nämlich schon bei den Planierarbeiten mit einem 30 cm tiefen „Frostkoffer" auffüllen lassen: mit grobem, gut wasserdurchlässigem Stein- und Schottermaterial.

Die ersten Wege

Wie immer war es eine spontane Entscheidung: Jetzt pflastere ich den Platz vor dem Eingang! Sand war da, die Granitpflastersteine lagen auch schon seit gut einem Jahr beim Haus und es gab noch drei Paletten voll Waschbetonplatten. Uralte, aus dem Garten meiner Eltern. Waschbetonplatten, ein Gräuel für mich! Sie erinnern mich so an die 60er und 70er Jahre, wo jedes Stück Natur betoniert oder eben mit Waschbetonplatten abgedeckt wurde. Was tun?

Keine Langeweile, selbst auf großen Flächen: Granit und Klinker werden am Garagenvorplatz kombiniert.

...

Schattenspiel und zarter Wildwuchs in den Pflasterfugen.

Zuerst versuchte ich einmal mit Augenmaß eine Höhe zu fixieren, die später Straße und Garagenplatz haben würden. Also hieß es, Sand, viel Sand aufschütten. Heute würde ich Splitt dafür verwenden, aber damals verwendete man als Standard-Untergrund 0/3er Sand. Das ist Sand mit ganz feinen, aber auch 3 mm großen Körnern. Ich denke, es waren mehr als 20 Schubkarren voll – nach zwei Stunden war ich völlig erledigt! Nun gingen wir die

nächsten Tage durch diesen feinen Sand ins Haus. Auch nicht gerade ideal. Zwei schmale Holzbretter machten einen Balanceakt möglich, aber der Zorn meiner Frau war so groß, dass ich

mir ab Mittwoch Urlaub nahm. Im Oktober mit Pflasterarbeiten beginnen? Warum eigentlich nicht. Es war ein goldener Herbst mit viel Sonnenschein und milden Temperaturen. Schon zu Wochenbeginn standen wir tagtäglich bei unserem „Sandkasten"

vor der Tür und legten die Platten und Steine auf. Welches Muster sollten wir nur wählen? Da hatte ich die Idee: Vier Stück doppelt gebrannte und hellgelbe Schamottsteine, dann einige Klinkerziegel als Begrenzung und rundherum Granitsteine. Ganz alte Granitsteine, die ich von der Stadt Vöcklabruck erworben hatte, als der altehrwürdige Stadtplatz neu gestaltet wurde.

Mein liebster Weg: Auf Rindenmulch geht man wie auf Daunen.

Auf die Knie

Platten und Klinker waren schnell verlegt – ein Quadrat, auf die Spitze gestellt, sollte es werden. Dann folgten die kleinen Pflastersteine. Stein für Stein klopfte ich in den Sand und am Abend waren die ersten vier Quadratmeter fertig. Jetzt packte mich der Ehrgeiz: In der Mitte der künftigen Wege verlegte ich die Waschbetonplatten – mit der Unterseite nach oben! Das sah nicht nur alt aus, sondern ließ auch niemanden das wahre Gesicht dieses Baumaterials erkennen. Jeweils an der Pflasterfuge legte ich links und rechts einen Klinkerstein und die kleine Fläche dazwischen füllte ich mit den Granitsteinen aus. Für die seitliche Begrenzung bestellte ich Granitleistensteine. Gleich zwei Paletten voll, mit einem ungeheuren Gewicht. Ich wollte ohne Beton auskommen, also mussten diese Steine ein großes Eigengewicht haben und sehr tief eingegraben werden.

Blasen überall

Die nächsten zwei Wochen waren von physischen und psychischen Problemen begleitet. Physisch machten mir die

Für mich sind die Hyazinthen erst im dritten Jahr nach dem Pflanzen so richtig schön – dann blühen sie nicht mehr so üppig, als ob sie aus Plastik wären, sondern natürlicher.

Knie zu schaffen, psychisch die schier endlose Arbeit. Blasen an den Händen vom dauernden Hammerhalten. Blasen an den Knien und dazu einen Muskelkater vom Steineschleppen.
Gerade einmal der Platz bei der Eingangstür und die beiden Wege links und rechts davon waren fertig. Sonst nichts. Jetzt fehlen aber noch alle Wege rund ums Haus, zum Gartenhaus, jene im Gemüsegarten und der riesige Garagenvorplatz! Also machte ich, was ich in solchen Situationen immer machte: Ich begann zu gärtnern. Immerhin waren durch die beiden Wege schon erste Pflanzflächen beim Haus entstanden. Pflanzflächen? Ein Schotterboden bot sich dar, etwa 50 cm Humusschicht fehlten. Also wieder Erde transportieren. Wie viel es war – ich weiß es nicht. Nur die

Blickachsen schaffen. Die Sitzbank am Ende des Weges lädt zum Ausruhen und Genießen ein.

Vorfreude, dass die mittlerweile erworbenen Blumenzwiebeln und die beiden Obstbäume hier gepflanzt werden sollen, hielten mich aufrecht. Endlich war ein Stück Garten wirklich fertig, mit Weg, Erde und einige Pflanzen. Auch zwei Lieblinge, die ich damals noch nicht kannte, setzte ich hierher: Felsennelken *(Petrorhargia saxifraga)* – ideal für trockene Böden und, wie sich in den Jahren danach herausstellte, optimal zum Begrünen von Pflasterfugen.

Ein Pflasterspektakel

Ein Jahr nach dem Start meines Pflasterspektakels war ein Ende noch nicht einmal in Sicht. Geschätzte 200 m² Flächen mussten noch gepflastert werden – es sollten noch Jahre vergehen ....
Die Wege rund ums Haus und im Gemüsegarten waren fertig, der Auftrag für das professionelle Pflastern des Garagenvorplatzes vergeben – wir schrieben das Jahr 1998! „G“ wie Geduld. Das sollte jeder Gärtner aufbringen, wenn „G“ wie Geldtasche nicht „g“ wie gut gefüllt ist. Also konzentrierte ich mich in diesen Jahren eher auf das Rundherum, brachte eine Schicht feinen Schotters auf und übte mich in Geduld.
Endlich war es soweit: Die Terrasse und der Hof konnten gepflastert werden. Was heißt hier gepflastert! Dicke Granitplatten sollten den rohen Beton abdecken. Unser Ziel, es möge alles ein wenig alt aussehen, wurde vom Pflasterer müde belächelt. „Entweder

wir machen etwas neu oder wir machen es nicht." So fügten wir uns und ließen die Handwerker arbeiten. Zwei Wochen lang lief die Mischmaschine, zwei Wochen lang staubte es, wenn sich mit lautem Kreischen die Trennscheibe in die Platten fraß und Stücke abtrennte. Aber die Terrasse nahm Formen an und immer mehr wurde aus dem Abstellplatz im Hof ein dekorativer Gartenteil. Nicht zuletzt auch durch die vielen alten Dinge, die wir auf Flohmärkten und Sperrmüllsammlungen gesammelt hatten und als Dekoration aufstellten.

Besonders gut machte sich aber die Neugestaltung bei der Terrasse. Der Stiegenabgang und die „kleine" Terrasse vor dem Wintergarten brachten den gewünschten „Villencharakter" zur Geltung. Dieser heißeste Platz des Gartens wurde sofort mit einer Zitrussammlung bestückt. Der erste Sommer, in dem meine Kinder des Südens so richtig zur Geltung kamen und ihren betörenden Duft bis zum Balkon hinauf verströmten.

Eroberung der Natur

Die Wege im Garten waren endlich gepflastert und in den Fugen machte sich, zum Leidwesen meiner Frau, die Natur breit. Zuerst war es wirklich „Unkraut", doch mein schon erwähnter Liebling – die Felsennelke – ging auf Eroberungsfeldzug. Die feinen Samen keimten in den Pflasterritzen und nach und nach bildete sich ein dichter, fast rasenähnlicher Teppich, der dann ab Mitte Juli über und über mit kleinen Blüten geschmückt war. Viele Besucher wollen bis heute nicht glauben, dass alle diese Pflanzen, die fast wie Minischleierkraut aussehen, von zwei Exemplaren abstammen. Dazu kommen noch Weicher Frauenmantel *(Alchemilla mollis)* und Gewöhnliche Akeleien *(Aquilegia vulgaris)* und natürlich so typische Pflanzen für trockene Bereiche wie Königskerze *(Verbascum)*. Und im Frühjahr viele,

Selbst im Gemüsegarten grünt es nicht nur in den Beeten – auch so manches Kräutlein wie der Rucola sät sich in den Pflasterritzen selbst aus.

viele Veilchen. Selbst kleine weiße und stark duftende Exemplare habe ich dort schon gefunden.

Alles für das liebe Auto

Der Garagenvorplatz sollte das letzte große Pflaster-Projekt sein. Zuerst dachte ich noch an einen Sommerjob, aber dann war es doch zu viel. Noch dazu ließ sich diese Arbeit nicht portionieren – es musste in einem gebaut werden, sonst hätte es wochen- oder gar monatelang keine Hauszufahrt mehr gegeben. Wieder wurde in die Geldtasche gegriffen und nach zwei Wochen war alles perfekt: Klinkerziegel und Granitsteine in Kombination, dazu noch ein großer Abflussschacht, damit es bei starkem Regen nicht zu Überschwemmungen kommt.

Die Sichtachse

Schon beim Hausbau passierte ein Fehler. Damals hatte ich in großem Stress per Telefon den Platz für unser Gartenhäuschen fixiert. An jenem Tag wurde nämlich zum letzten Mal Beton gebracht und so konnte diese Bodenplatte gleich mitbetoniert werden. Sie kam allerdings an eine ganz andere Stelle als geplant. Nicht ins Eck sondern mitten in den Garten, aber auch nicht direkt in der Achse vor dem Balkon. Klingt kompliziert! So passierte der Fehler. Lange Jahre war der Hauptweg ein Kiesweg. Er sah höchst attraktiv aus, war von alten Bahnschwellen begrenzt und die Stauden aus dem großen Staudenbeet überwucherten den Rand.

Alljährlich im Frühjahr aber ärgerte uns, dass vom Wintergarten zum Gartenhaus keine Sichtachse bestand. So gab es zwei Möglichkeiten: entweder das Gartenhaus, das inzwischen in seiner ganzen Pracht dastand, abzureißen und neu zu bauen, oder den Weg zu verlegen und einen neuen Blickpunkt zu schaffen.
Schließlich einigten wir uns auf letztere Variante. Mit uralten Granitsteinplatten, die früher bei den Bauernhäusern das Regenwasser vom Gebäude wegleiteten, wurde ein Platz gepflastert. Das Muster des Hauptweges sah so aus wie die anderen Wege, nur ein letztes Stück in Richtung Teich blieb als Kiesweg erhalten. Genauer gesagt als ein Weg mit „wassergebundener Oberfläche". Kalksplitt in verschiedenen Größen wird hier auf eine Frostschutzschicht aufgetragen, befeuchtet und gerüttelt. Nach einigen Wochen ist er

fest wie Beton. Der gesamte Weg um den Teich wurde schließlich so angelegt. Hier sollte die Natur möglichst viel schalten und walten können.

Mein liebster Weg

Einer der verträumtesten Plätze in meinem Garten ist „im Wald". Nicht wirklich im Wald, denn der befindet sich neben dem Grundstück – sondern unten beim Teich. In den ersten Jahren standen hier nur einige Bäume und kleine Sträucher. Nach und nach wuchsen diese Gehölze aber so stark, dass es möglich war, die untersten Äste zu entfernen und einen Durchgang zu schaffen. Begrenzt von Torfsoden, die beim Moorbau übrig blieben, legte ich einen Schattenpfad an. Nach dem Glattrechen des Bodens kam eine gut 15 cm starke Schicht Rindenmulch darüber. Sehr grober Mulch als Grundlage, feinerer darauf. Im ersten Jahr war alles ein wenig holprig, aber ein Tag der offenen Gartentür mit hunderten Besuchern machte diesen Weg perfekt. Alljährlich kommt nun ein wenig frische Rinde darauf und fertig ist mein naturnaher Pfad. Fast wie auf einem dicken Teppichboden geht man hier. Und es riecht bei jedem Schritt, als ob ringsherum die Pilze aus der Erde schössen. Ähnlich

In Mußestunden wird als Ersatz für Autogenes Training Unkraut gezupft.

habe ich die Wege dann auch bei den Himbeeren, Ribiseln (Johannisbeeren) und Heidelbeeren angelegt. Mit dem einzigen Unterschied, dass ich hier keine Nadelholzrinde verwendete, sondern – zunächst probeweise – Pinienrinde. Sie ist in den unterschiedlichsten Größen erhältlich und besonders lange haltbar. Die ersten Wege bestehen nun schon seit drei Jahren und mussten noch nicht erneuert werden. Unkraut ist beim Waldpfad kein Problem, weil es dort zu dunkel ist. Bei den anderen Rindenwegen muss aber von Zeit zu Zeit „gerodet" werden. Wobei ich bei der Neuanlage eines Weges zuerst dicken Karton auflege, der jegliches Unkraut, vor allem Wurzelunkraut, erstickt.

...WEGE ZUR NATUR.

Fast malerisch: Felsennelke *(Petroraghia saxifraga)*

Unkraut – was tun?

Natürlich stört auch mich, einen großen Fan des Naturgartens, Unkraut, wenn es überhand nimmt. Normalerweise verteidige ich meiner Frau gegenüber jedes einzelne Pflänzchen. Überkommt es mich, wird allerdings Tabula rasa gemacht. Mit dem angenehmen Nebeneffekt, dass die „schönen" Wildkräuter wieder hochkommen und das Gras zurückgedrängt wird. Zwischendurch wird der Bewuchs in den Plattenritzen auf zweierlei Arten niedrig gehalten: mit dem Rasenmäher, der auf Stufe 1 die Gräser kurz hält, und mit dem Flämmgerät, dessen Einsatz aber trotz anfänglicher Euphorie nach einigen „Schauergeschichten" von Gartenfreunden über Verbrennungen und kleine Waldbrände zunehmend zurückgedrängt wird. Nur im Spätherbst oder im Vorfrühling lasse ich das Flammeninferno zu, dann aber rigoros. Dadurch findet man auch nach einigen Jahren noch unsere Wege, entdeckt die Pflasterfugen teilweise schön bemoost und kann selbst barfuß problemlos gehen.

Der bunteste Weg des Gartens

Der bunteste Weg des Gartens durchquert zweifellos die Blumenwiese. In den ersten Jahren war diese Wiese ein großes Blumenbeet mit mehr oder weniger vielen Blumen und immer mehr und höheren Gräsern. Vom Garagenvorplatz aus konnte man das Paradies sehen. Hineinzugehen war damals allerdings nicht möglich. Dann erinnerte ich mich an meine Gartenreisen in England, an Sissinghurst und Great Dixter. Selbst

Ein Spaziergang durch die Blüten – auf dem Rasenpfad auf Natur-Entdeckungsreise ....

in diesen streng gepflegten Gärten findet man ein Stück Natur mit Blumenwiesen. Damit man die Flächen aber auch wirklich bewundern kann, werden schon ab dem Frühjahr Rasenpfade ausgemäht. So bleibt das Gras zwischen den Blumenwiesenteilen ganz kurz und man kann bequem durch die Wiese

spazieren. Einige Zeit im Jahr gibt es diese Pfade auch bei mir, in der Blumenwiese, die an den Gartenteich anschließt. Dort sprießen nämlich im Frühjahr Unmengen an Margariten. Damit die Pracht auch erlebt werden kann, wird der Rasen dazwischen ganz kurz gemäht. Erst nach dem Abblühen der tausenden weißen Blüten wird das ganze Stück gemäht.

... und jetzt, bitte: Platz nehmen!

Endlich hat er alle seine Wege beschrieben! „Wie kann man nur so lange über so etwas Unwichtiges erzählen?", werde ich bei Gartenführungen oft von meiner Frau gerügt. Also: Nehmen Sie Platz, in unserem Garten gibt es viele Sitzplätze und Sitzbänke.

Mein „Lieblingsbankerl" steht beim Teich direkt unter einer Trauer-Ulme. Im Schatten kann man hier im Hochsommer sitzen und mit Geduld und

Alles griffbereit – Gießkannen stehen gleich beim Umtopfplatz hinter dem Schuppen. Hier darf es auch ein wenig unordentlich sein.

Ruhe nach einiger Zeit das Treiben im und um den Teich beobachten. Das Schlüpfen der Libellen oder die Ringelnatter, die sich auf die Jagd nach einem Moderlieschen begibt, oder Nachbarskater Billy, der wieder und wieder versucht, eines der offenbar so köstlichen Fischchen zu erwischen.

Der Lieblingssitzplatz Nummer zwei ist ganz neu und durch Zufall entstanden. In einem Katalog haben wir eine Eisenbank mit einem integrierten Rankgerüst gesehen und bestellt. Dann stand das doch sehr große „Ding" da und blieb einmal ein Jahr stehen. Bis mir die Idee kam, diese Bank gleich dort hinzustellen, wo schon eine große Rose wächst. Direkt am Gartenzaun gedeiht in Nachbars Garten eine traumhafte Kletterrose *(Rosa multiflora)*, deren genauer Sortenname mir leider unbekannt ist. Sie wächst und blüht vor allem auf unserer Seite, weil wir hier genug Platz haben und nichts abschneiden. Also platzierten wir dort den Rosenbogen mit Bank darunter. Eigentlich fädelten wir dieses Eisengestell von unten ein und stellten es auf. Nach einigen Tagen waren verdrehte Rosentriebe wieder gerade und wenig später begann die Rose zu blühen. Ein Duft, eine Pracht! Also habe ich davor wieder einmal gepflastert, damit diese Bank nicht im Dickicht der Blumenwiese untergeht.

Drei Sitzplätze fasse ich nun zusammen: Die Terrasse, die ich schon mehrfach erwähnt habe und die im Hochsommer zu unserem Wohn- und Esszimmer wird. Gerade am Abend, wenn es etwas kühler ist, wird es dort besonders gemütlich. Meist wird zu später Stunde mit einem kleinen Gasstrahler nachgewärmt und dann enden die Kartenspielabende erst weit nach Mitternacht. Besonders beliebt ist dieser Sitzplatz auch im zeitigen Frühjahr und im Herbst, wärmend legt sich die Sonne an die Hauswand.
Schattig dagegen ist es beim Lusthaus. Die Bäume rundherum sorgen mittlerweile für angenehme Kühle, doch eine kleine Schneise blieb (durch Zufall) frei und so kann man es sich hier in der späten Abendsonne noch gut gehen lassen.
Und schließlich ein Platz, der eigentlich viel zu selten von uns genützt wird: Der Ruinengarten. Im Sommer ist es hier nach heißen Nachmittagen am Abend besonders gemütlich, mit Kaminfeuer, Kerzenlicht und gutem

Der neue Stolz: eine englische Gartenbank, wie sie in Sissinghurst steht: eine Lutyens-Bank, hält angeblich 30 Jahre ....

Essen. Mehr darüber jedoch an einer anderen Stelle.

So – und weil ich immer wieder predige, dass Sitzplätze an jeder Seite des Hauses vorhanden sein sollen, gibt es seit kurzem auch einen ganz einfachen aber besonders idyllisch gelegenen Platz hinter dem Holzschuppen vor dem Gemüsegarten. Eingezwickt zwischen Kübelpflanzen und heranwachsenden Sämlingen, die eben getopft wurden. Dieser Frühstücksplatz liegt an der Nordostseite und ist im Hochsommer ein Traum! Also, setzen Sie sich und genießen Sie mit mir!

WEGE

Hauptwege

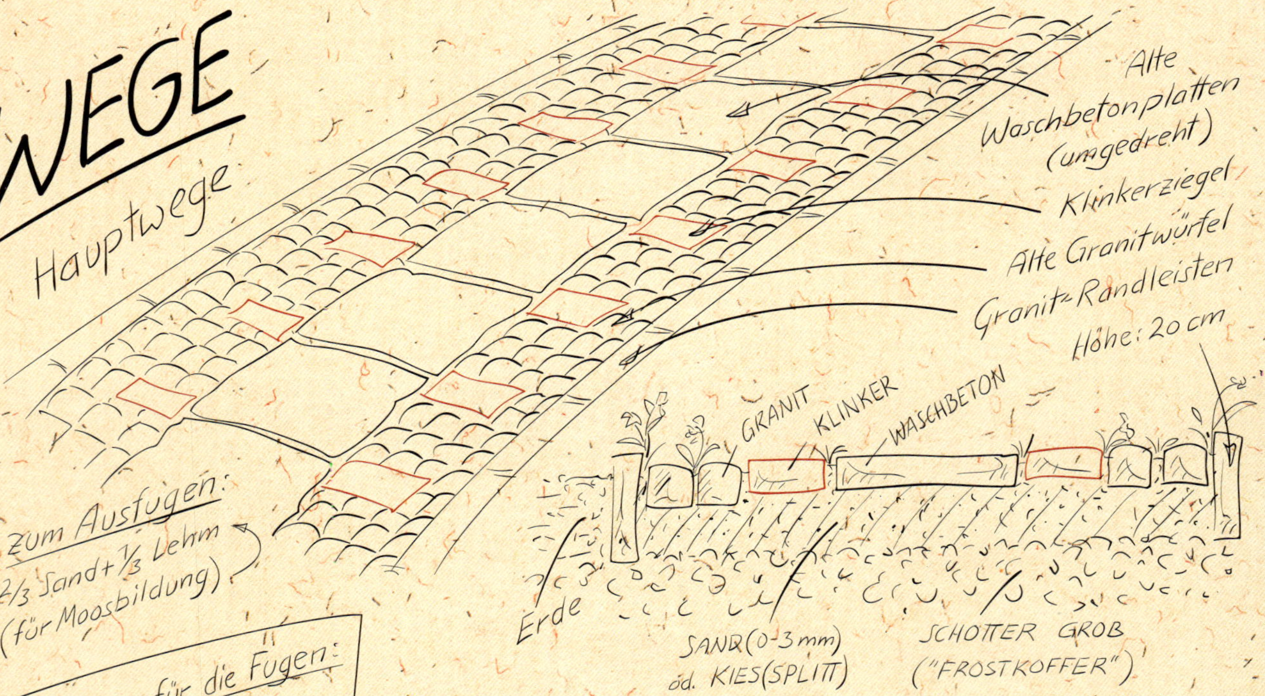

Zum Ausfugen:
2/3 Sand + 1/3 Lehm
(für Moosbildung)

Pflanzen für die Fugen:

- Felsennelke (Petrorhagia saxifraga)
- Nachtkerze (Oenothera)
- Königskerze (Verbascum)
- Vexiernelke
- Akeleien
- Frauenmantel

SELBSTAUSSAAT!!!

Rindenweg

[SCHATTENPFAD]

"Mein liebster Weg"

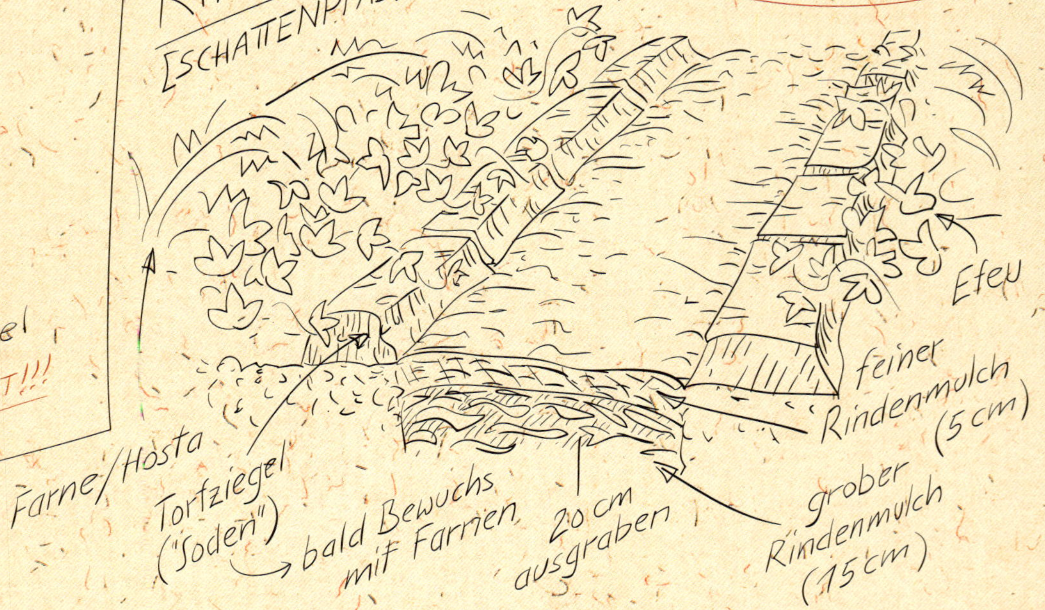

Alternativen im Wegebau

Wege verbinden, machen den Garten begeh- und erlebbar. Die Möglichkeiten für die Gestaltung der Wege sind vielfältig – Rasen, Rinde, Kies oder Stein. Wer Wege errichtet, sollte auch die Pflanzen bedenken, die später den Rand einbinden werden. Denn alles im Garten wird zur Einheit.

1. **Wege verbinden**. Aber nicht alle Wege müssen kerzengerade laufen. Kurven beleben, können aber auch übertrieben und gekünstelt wirken. Weniger ist oft mehr!
2. **Wählen Sie das passende Material aus**. Die Auswahl ist groß: ob kühl wirkender Beton, Betonstein, Naturstein, Klinker oder Kombinationen, ob alt oder neu. Sehen Sie den Garten immer als Ganzes: Romantische Gärten sehen eben anders aus als streng formale, modere Gärten.
3. **Bereiten Sie den Untergrund schon beim Hausbau vor**. Idealerweise liegt ein Winter dazwischen, denn dann kann sich der sogenannte „Frostkoffer" setzen, der Schotter, der dafür sorgt, dass sich kein Wasser staut. Egal, ob gepflastert wird oder Kies abdeckt.
4. **Sand als Untergrund?** Eine Frage, die nicht so leicht zu beantworten ist und wieder vom individuellen Geschmack abhängt. Wer „Natur" in den Pflasterfugen liebt, wählt Sand.
5. **Hausrezept Lehm-Sand-Gemisch zum Ausfugen**. 2/3 Sand und 1/3 Lehm gut gemischt in die Fugen eingekehrt schafft ideale Bedingungen für die Moos-Bildung, vor allem im Halbschatten.
6. **Pflanzen sind auf unseren Wegen willkommen!** Freilich wollen wir kein Unkrautmeer, sondern zierliche und zierende Gewächse. Empfehlen kann ich Felsennelke, Vexiernelken, Frauenmantel, Akeleien, Nacht- und Königskerzen. Die meisten von ihnen gehen von selbst auf, wenn sie anderswo im Garten stehen.
7. **Rindenwege oder ein Rasenpfad** lassen sich im Handumdrehen errichten. Ein Mäher oder ein Sack Rindendekor genügt. In der Blumenwiese darf der Rasenpfad als Entdeckungsgang nicht fehlen. Im Naschgarten zwischen den Himbeeren leistet die Rinde hervorragende Dienste.

Rinde als „federleichter" Weg

Rindendekor ist ein ganz hervorragendes Material für naturnahe Wege. Im Beerengarten, zwischen den Sträuchern, im Schattengarten, in einem Waldgarten oder als Bodenbelag bei einem Spielplatz. Beim Gehen spürt man, wie das Material federt, man riecht die Natürlichkeit und kann jährlich ohne viel Aufwand die Rinde ergänzen. Noch dazu wird sich auf einem solchen Weg kein oder kaum Wildkräuterbewuchs einstellen.

WASSERGEBUNDENE OBERFLÄCHE

Die Fachsprache der Gartengestalter ist manchmal schwer zu verstehen. „Wassergebundene Oberfläche" lautet ein Fachbegriff: Auf eine Schotteroberfläche wird ein Kalkgemisch aufgetragen, das auch aus Feinteilen besteht. Nach dem Anfeuchten und Walzen wird es fest wie Beton. Ein einfacher, gut haltbarer Untergrund entsteht.

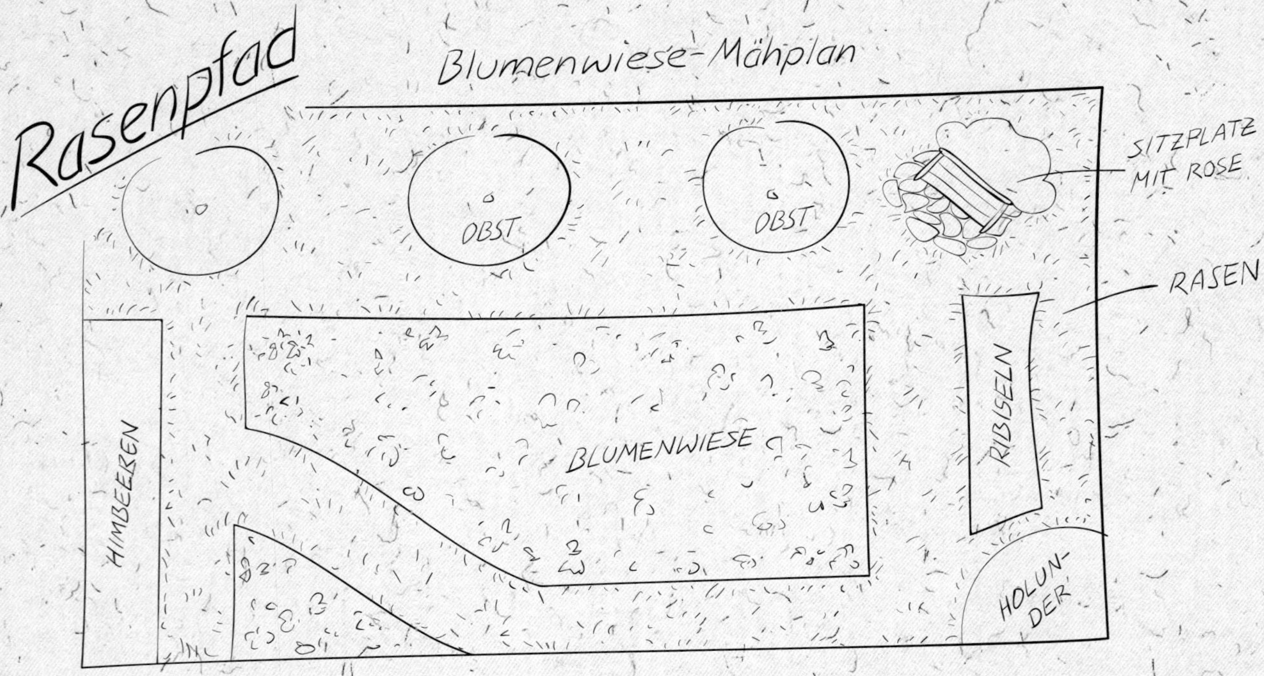
Rasenpfad
Blumenwiese-Mähplan
OBST
OBST
SITZPLATZ MIT ROSE
RASEN
HIMBEEREN
BLUMENWIESE
RIBISELN
HOLUN-DER

NEUER SITZPLATZ bei der "ROSENLAUBE"
Sitzbank
Laube aus rostigem Eisen
Klinker
Betonplatte
Alte Granitziegel

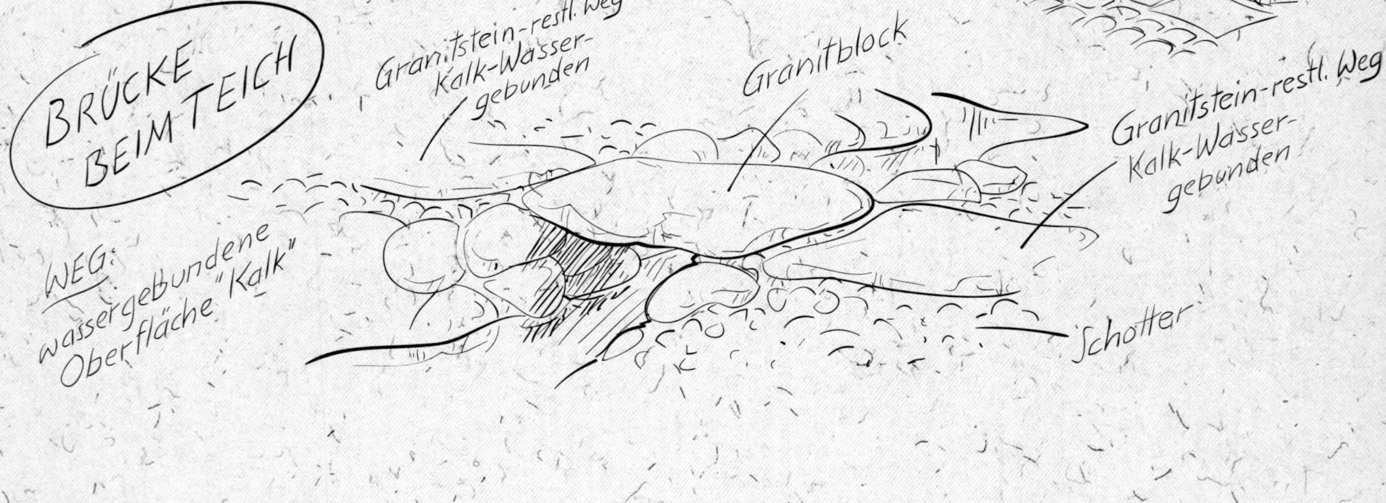
BRÜCKE BEIM TEICH
Granitstein-restl. Weg Kalk-Wasser-gebunden
Granitblock
Granitstein-restl. Weg Kalk-Wasser-gebunden
WEG: wassergebundene Oberfläche "Kalk"
Schotter

Sitzen und Genießen

„Den Garten kann man nur erleben, wenn man ihn nicht nur begehen, sondern auch ersitzen kann" – Zitat eines Gartenliebhabers, dessen Garten ebenso mit einer Vielzahl von Sitzplätzen ausgestattet ist.

1. **Nicht bloß ein Sitzplatz**. Selbst in kleinen Gärten ist es sinnvoll, an mehreren Stellen Sitzplätze vorzusehen. Je nach Jahres- und Tageszeit verwendet man diese „Genussplätze".
2. **Sessel, Bank und Hängematte**. Viele Möglichkeiten gibt es, um im grünen Paradies Platz zu nehmen. Bedenken Sie bei der Auswahl, wann (Jahreszeit – Tageszeit) und wie (in Gartenkleidung oder im „Sonntagsanzug") Sie den Platz nutzen wollen.
3. **Blickachsen schaffen**. Erst der richtige Blick macht einen Sitzplatz interessant. Endpunkt eines Weges könnte ein Baum, eine Figur, eine Tür sein. Das macht kleine Gärten größer, große Gärten bekommen damit Struktur.
4. **Umgebung ist wichtig**. Wer Duft liebt, der sollte unmittelbar duftende Pflanzen platzieren. Ob Rose, Duft-Geißblatt oder auch blattduftende Gewächse wie die Zitronenverbene – die Auswahl ist groß.
5. **Auf Bequemlichkeit achten**. Nicht jedes Material ist bequem. Ob Stein-, Eisen- oder Holzbank – richtig gemütlich wird's erst mit einer Polsterauflage. Aber wohin gibt man sie, um sie bei der Hand zu haben? Solche Details sollte man vor der Planung bedenken.
6. **Kindersitzplätze sehen anders aus**. Oft bedenkt man es nicht, doch auch unsere Kleinsten haben es gerne gemütlich. Bei der Sandspielkiste eignen sich abgeschnittene Holzstämme als Sitzplatz. Rund ums Lagerfeuer könnten es vielleicht einige Stein-Findlinge sein.
7. **Nicht für die Ewigkeit**. Bei allem Vorausdenken – nicht alles muss Jahrhunderte halten und aus unverrottbarem Tropenholz sein. Heimische Lärche oder Robinie ist ebenfalls sehr lange haltbar. Allerdings leider manchmal schwer zu bekommen.

Kleine Sitzplätze ohne Frostkoffer

Frostkoffer nennt der Baumeister jene 30 bis 50 cm Untergrund, die das Regenwasser ableiten und vor allem im Winter für Stabilität sorgen. Würde sich das Wasser stauen, kann es die Platten oder Pflastersteine heben und senken, der Weg wird holprig. Bei kleinen Sitzplätzen, die nachträglich errichtet werden, kann man ruhigen Gewissens auf die Frostschicht verzichten: „Niemand wird hier mit dem Lastwagen fahren!", wie ein Naturgarten-Liebhaber einmal kommentierte.

DUFTENDE SITZBANK

Oft fotografiert und von vielen begeistert nachgemacht: die Kamillen-Sitzbank von Sissinghurst. Aus alten Steinelementen hat sie der Gärtner damals aufgebaut, die Sitzfläche mit einem Sand/Erde-Gemisch aufgefüllt und mit Englischer Rasenkamille bepflanzt. Nimmt der Gartenliebhaber darauf Platz und rutscht einige Male hin und her, verströmt herrlicher Kamillenduft.

& LEID

EBEN, LIEBE ENSCHAFT

Was ist da nicht alles an Lebensfreude in einem Garten! Die Natur im Jahreslauf erleben, das Erwachen nach einem langen Winter, die Blütenfülle im Sommer und das Sterben in Vollendung im Herbst. Begleitet wird dieser immer wiederkehrende Rhythmus von vielen Festen und Feiern – vom Leben der Menschen im Garten. Gärten sind aber ebenso Oasen der Natur und Lebensraum für viele Tiere, die das natürliche Gleichgewicht schaffen. Leben im Garten meint gleichermaßen Mensch und Tier.

...KINDERLACHEN...

Leben im Garten

Das Lachen der Kinder beim Fangenspielen, das Tirilieren der Meisen bei der Brautschau, das Knistern des Grillofenfeuers vor einer Sommerparty, das Säuseln der Weidenblätter beim Teich im Spätherbst – das nenne ich „Leben im Garten".
Das Rattern des Rasenmähers beim Grasmähen, der Aufschrei des Gärtners angesichts der Wühlmaus-Übermacht, der Warnruf des Rotkehlchens vor einer umherstreifenden Katze, das Weinen der Kinder, die beim Eislaufen auf dem Teich gestürzt sind – auch das ist Leben im Garten.
Der Garten ist unser Wohnraum. Der größte, bunteste und vielfältigst genutzte Bereich unseres Heimes. Das Wohnzimmer im Freien – ein ganzes Jahr lang.

Klirrender Frost

Wenn der Garten unter einer dicken Schneedecke ruht, dann ruht auch der Gärtner. Er ist aber nicht ganz in den Winterschlaf gesunken. Tagtäglich schaue ich in meinen beiden Gewächs-

Erlebnis pur: Karoline (links) mit ihrer Freundin und unseren beiden Hasen.
Romantische Stunden am Feuer (unten) – das sind Erinnerungen, die ewig im Gedächtnis bleiben.

häusern nach dem Rechten. Im Kamelienhaus beginnen Mitte Januar die ersten Pflanzen zu blühen, die eine oder andere Blüte kommt als Dekoration ins Wohnhaus. Der feine Duft bringt ein wenig Frühlingsstimmung. Beginnt dann im Warmhaus die Akazie *(Acacia retinodes)*, auch „Mimose der 4 Jahreszeiten" genannt, zu blühen, ist meist der Valentinstag nicht weit und zusammen mit den vorgetriebenen Narzissen kommt ein schöner, selbst gezogener Blumenstrauß als Frühlingsauftakt in den Wintergarten.

Draußen im Garten ist freilich noch wenig Leben – oder doch nicht? Denn ist der Winter noch so klirrend kalt – Frost um die minus 15 bis 20 °C und mehr – bei uns am Gartenteich ist Eislaufzeit. Manche Biologen sagen, dass dadurch das Leben im Teich gestört wird – im Winter denken wir an uns und noch nie gab es Probleme mit dem natürlichen Gleichgewicht unseres Teichs. Schnell wird das Eis vom Schnee befreit. Ist es sehr holprig, wird sogar frisch aufgespritzt und im Gartenhaus warm eingeheizt – die Schneebar ist eröffnet. Eiskalt bläst der Wind über den Garten und trotzdem herrscht Fröhlichkeit, wenn wir über das Eis flitzen. Obwohl die Fläche so klein ist, tummelt sich das Töchterchen mit ihren Freundinnen am Nachmittag auf dem hauseigenen Eislaufplatz.

Pause im Gartenhaus: Kuchen steht zur Stärkung für die Schulklasse bereit.

Am Abend werden sogar dann und wann die Eisstöcke ausgepackt und auf der Mini-Eisstockbahn ein Zielschießen organisiert. Oder ist der Punsch aus Ullis Küche, der in unserer Gartenhütte serviert wird, der wahre Grund für die vielen Besucher?
Schneemänner, Schneeballschlachten und natürlich immer wieder aufs Neue der Versuch, doch noch einmal einen Iglu zu bauen – das alles gehört zum Gartenerlebnis im Winter.

Die ersten Blüten

Wenn die ersten Blüten sprießen, wenn Winterling und Frühlings-Zyklamen sich ihren Weg durch den letzten Schnee bahnen, dann hat das Hungern nach Sonne ein Ende. Während der letzten Monate war nur der Wintergarten ein Ersatz für den Garten, aber jetzt können die ersten Holzbänke wieder in die Sonne gerückt und der erste Nachmittagskaffee in der frischen Luft des Spätwinters genossen werden. Noch sind wir gut eingepackt in dicke Pullover, aber – es riecht nach Frühling!

An allen Ecken und Enden des Gartens beginnt das Leben – die Marienkäfer suchen schon nach den ersten Blattläusen. Die Meisen begutachten die Knospen an den Obstbäumen – auch hier findet sich schon der eine oder andere Leckerbissen, der aus dem Winterschlaf erwacht ist. Und die ersten Ohrwürmer kommen nachts aus ihrem Häuschen und beteiligen sich an der allgemeinen Jagd auf die Läuse. Auch andere Schädlinge zeigen sich – das gehört eben zu einem naturnahen Garten: Wühlmäuse haben den Winter über dem Rasen ziemlich zugesetzt und auch der Nützling Maulwurf hat seine Muskeln gezeigt: Er machte den

Unterricht am Gartenteich: Und wie wird aus einer Kaulquappe ein Frosch?

Rasen zur Mondlandschaft. So dramatisch das alles aussieht – schneller, als man denkt, heilt die Natur die scheinbaren Wunden.
Und dann die Schnecken: Am überwinterten Feldsalat sind schon die Spuren ihrer Gier zu sehen. Aber – ist nicht genug da? So lange sich die Probleme in Grenzen halten, ist Gelassenheit angesagt – wir brauchen in unserem Garten keine Höchsternten, keine megagroßen Blüten und makellosen Gewächse. Wir dulden den einen oder anderen Schönheitsfehler und zeigen uns – so weit es geht – großzügig, auch den ungeliebten Kreaturen gegenüber.

Die Wärme hat den Garten ins schönste Kleid gesteckt – leuchtend gelb blüht es unter allen Bäumen und Sträuchern. Die Märzenbecher, die großkronigen Narzissen, haben nun ihren Auftritt, dazu gesellen sich die Gänseblümchen und schon bald das Wiesenschaumkraut. Immer mehr Leben regt sich.

Besuch im Garten

Kaum ist das dicke Eis geschmolzen, tauchen die ersten Kröten und Teichfrösche auf. Laichballen und Laichschnüre zeigen vom neuen Leben in einem neuen Gartenjahr. Es ist Zeit, auf Entdeckung zu gehen!
Die Mitschüler von Karoline sind um diese Zeit immer wieder mit ihrer

...NACHTS DER IGEL

Leben im Garten ist also nicht nur uns Menschen vorbehalten. Viel mehr Leben spielt sich im Verborgenen ab. Wenn nachts der Igel durch den Garten schleicht, wenn der Marder seine Runden dreht, wenn die Katzen aus der Nachbarschaft in diesem Naturparadies um die Wette jagen. Alle Tiere zusammen schaffen das ökologische Gleichgewicht. Vielerorts ist es verloren gegangen, wurde von uns Menschen gestört oder zerstört. Nur langsam und mit großer Geduld kann daher das Miteinander in unserem Garten wieder

Lehrerin Stammgäste. Biologieunterricht hautnah – denn jetzt gibt es vieles zu entdecken: Aus manchem Laichballen ist schon eine Kaulquappe entwischt und beim Moor sind die ersten Blätter der Venusfliegfalle zu sehen. Sogar beim Insektenhotel tauchen schon Schwebfliegen und Solitärbienen auf. Hier entwickeln sich in den kleinen Glasröhrchen zum Zuschauen die Larven – ein eindrucksvolles Schauspiel.

Und dann, beim Komposthaufen – die Blindschleichen. Wie gefährlich die aussehen, glitschig und kalt! Das Streicheln dieser Echsen bringt es ans Licht – sie haben eine glatte Haut, sind ganz und gar nicht „grauslich". Erstaunt kommen die Volksschüler mit der Natur in Kontakt, die eigentlich bei fast jedem nicht weit von der Haustür läge.

Insektenleben hautnah – die Kinder sind von der Natur und ihren Überraschungen begeistert.

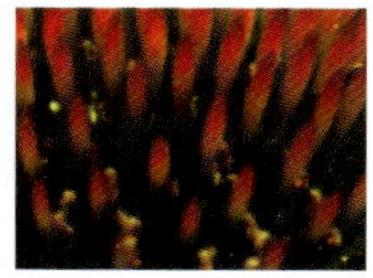

oben: Aus Raupen werden geliebte Schmetterlinge.
rechts: Schillernder Käfer erklimmt ein Blatt.

entstehen. Leider verlieren wir immer wieder die Geduld, greifen ein, obwohl das Eingreifen meist mehr zerstört als fördert.

Helfer im Garten

Wichtigster Helfer im Garten ist meine Frau. Sie hat es bei all meiner Sammelleidenschaft in den letzten Jahren doch immer wieder geschafft, den Garten „begehbar" zu halten. Ohne Ullis Leidenschaft, den radikalen Rückschnitt, wäre so manches Gehölz in den Himmel gewachsen. Zugegeben, es gab zwei Elementarereignisse, die ziemlich viel Staub aufwirbelten.

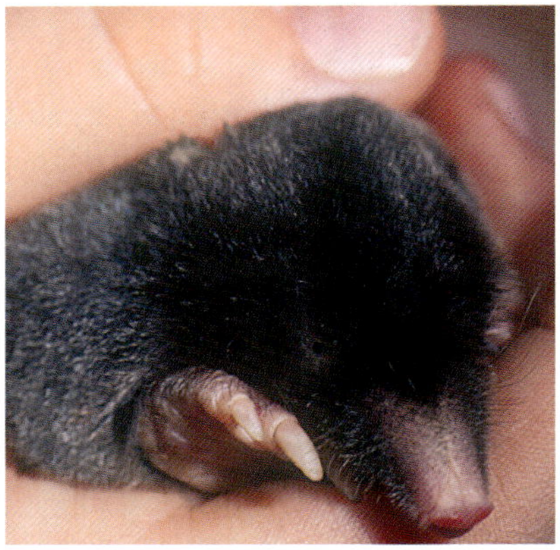

Ein Maulwurf hat sich ins Freie verirrt – und was soll man jetzt mit ihm tun?

Unser Gartenteich war zum Schutz für Karoline eingezäunt und ein kleines Stückchen der Blumenwiese lag innerhalb des Zauns. Da dort kaum gemäht wurde, erschien es mir ideal, an dieser Stelle eine Wiese mit strahlend weißen Schachbrettblumen *(Frittilaria meleagris)* anzulegen. Das war im Herbst.

Im Frühjahr entfernten wir den Zaun, denn klein Karolinchen hatte im Hallenbad schwimmen gelernt. Wenige Tage danach öffnete sich an einem strahlend schönen Maitag die erste Blüte der Schachbrettblumen. Trotz morgendlichen Stresses holte ich noch den Fotoapparat – es sollte das letzte Bild dieser seltenen Blume gewesen sein ....

Abends empfing mich meine Frau, verschwitzt und völlig müde, aber glücklich über das Geleistete: „Heute habe ich die ganze Blumenwiese gemäht – das war anstrengend". Mehr soll hier darüber nicht geschrieben werden. Nein, doch: Nach einigen Tagen des Schweigens stand eine schneeweiße Orchidee auf meinem Nachtkästchen: „Entschuldigung, ich hab die Blüten wirklich nicht gesehen". Wer kann da nicht verzeihen?

Ein andermal war nicht der Rasenmäher der Täter, sondern die nagelneu reparierte Felco-Baumschere. Für einen kleinen Technik-Freak wie mich ist die wohl beste Baumschere aus der Schweiz ein Traum. Sie lässt sich in dutzende Bestandteile zerlegen und Teil für Teil erneuern. So war es für meine Frau an jenem denkwürdigen Montag ein Leichtes, gleich ein ganzes

Beutezug im Morgengrauen: Spinnen sind besonders nützlich und sorgen für natürliche Schädlingsbekämpfung.

Heilpflanze für Mensch und Tier: der Purpursonnenhut *(Echinacea purpurea)*.

Beet niederzuschneiden – trotz der Erklärungen, dass einige der Samenstände der Stauden ideale Winternahrung für die Singvögel sein könnten. Das wäre ja noch nicht so schlimm gewesen! Ganz zufällig wurde aber auch eine seit Jahren aufgepäppelte Strauch-Pfingstrose *(Paeonia suffructicosa)* auf Bodenniveau abgeschnitten, vermutlich im Herbst vor jenem Jahr, in dem sie zum ersten Mal geblüht hätte ....

Aber – wo viel Schatten, da viel Licht! Diese Strauchpfingstrose verzweigte sich in den Folgejahren so sehr, dass anstelle des einsamen (kümmerlich wirkenden) Astes nun ein stolzer Strauch daraus geworden ist. Was mein damaliges „Rumpelstilzchentheater" (Wortschöpfung meiner Frau) auch in meinen Augen ziemlich lächerlich erscheinen ließ.

Wohnzimmer im Grünen

Längst ist der Sommer eingezogen und das Familienleben spielt sich im Garten ab. Wann immer es Zeit und Witterung zulassen, wird draußen gefrühstückt. Früher war der Essplatz am Morgen auf der Terrasse, dann kam ein neuer Sitzplatz beim Gemüse-

...LAUE SOMMERABEN

garten dazu und schließlich liebten wir es, den Morgenkaffee mit selbst gemachtem Brot und hausgemachter Marmelade beim Lusthaus im Garten zu trinken. Mitten in den Blüten, begleitet von Libellen und der schönsten Musik: dem Morgenkonzert der Meisen, Rotkehlchen, Amseln und der vielen, vielen anderen, die in der Wildsträucherhecke leben. Das Leben ist im Sommer, in der Urlaubszeit, anders. Nicht die Uhr gibt den Takt an, sondern der Garten.

Küche im Garten

Es ist schon interessant: Kaum lässt die Mittagstemperatur es zu, rauchen ringsumher die Griller. Ein unbeschreiblicher Duft. Selbst im Gemüsegarten macht mir ein offenbar ganz

DE...

Zum Wohl! Eine Familienfeier im Ruinengarten – so paradiesisch haben wir es hier!

besonders gewürztes Stück Fleisch Gusto aufs Essen – dabei wollte ich noch Kompost verteilen! Im vorderen Teil des Gartens verbreitet eine frisch gebratene Attersee-Forelle ihr unvergleichliches Aroma. Aber was gibt's bei uns? Mittagessen auf der Terrasse mit Nudelvariationen, ersten Vogerlsalat (Feldsalat) aus dem Garten, dekoriert mit Veilchen, Gänseblümchen und dazu kleine, frisch geerntete Gierschblätter – ein Unkraut, das man wenigstens in kleinen Dosen „zum Fressen gern" haben kann.

Wo bei uns gegessen wird? Die Entscheidung darüber ist fast wie in einer Lotterie. Terrasse, Ruine, Hof, Lusthaus, Sitzplatz vor dem Lusthaus oder der neue „Wandersitzplatz", der nun oft vor dem Gemüsegarten steht. Ich persönlich habe gar keinen Lieblingsplatz für unser Leben im Garten. Oder vielleicht doch Terrasse oder Hof? Wohl deshalb, weil alles das, was wir wieder einmal in der Küche vergessen haben, so rasch geholt werden kann.

Ein Sitzplatz, den wir am Abend viel zu selten nutzen, ist der Ruinengarten. Wenn aber dann auf dem uralten Tisch aufgedeckt wird, wenn die Kerzen ringsherum angezündet werden, wenn die alten Sessel in Position gebracht sind und auf dem Pult neben der Feuerstelle die Salate im Kerzenlicht leuchten, dann erkennen wir erst, wie paradiesisch wir es hier haben. Kein Lärm, keine Abgase, keine laute Musik – nur das Miauen der Kätzchen und ab und zu das Schnüffeln des Igels ist zu hören. Ein Prost auf den Schneckenfänger!

Leben in der Nacht

Laue Sommerabende sind die idealen Momente, das Leben im Garten noch mehr zu verinnerlichen. Geräusche an allen Ecken und Enden – nichts für Ängstliche, aber spannend für Mutige. In stockdunkler Nacht oder bei Vollmond auf der Bank beim Teich zu sitzen ist aufregender als der Krimi im Fernsehen. Da ein Platschen – ist das ein Frosch? Dort ein Knacksen – jetzt kommt jemand, oder war es doch nur eine Katze? Und dann die vielen gurrenden und surrenden Töne – ich denke, jetzt habe auch ich genug! „Ich glaube, es ist Zeit zum Schlafengehen, Karoline!", sagt der Papa am Ende des geheimnisvollen Abends erleichtert. Am nächsten Tag wird die Gartenwelt schon wieder eine andere sein.

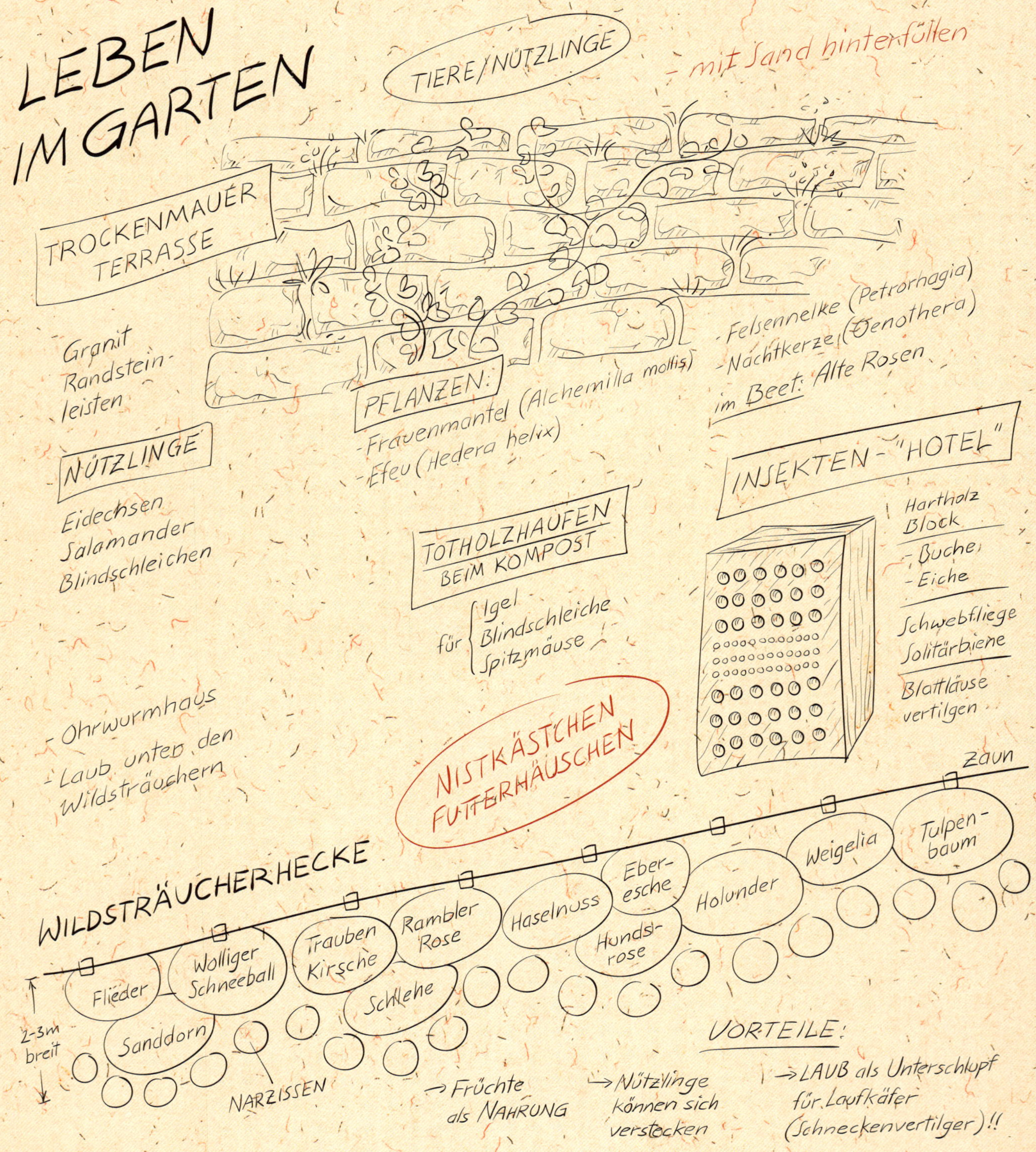
LEBEN IM GARTEN
TIERE/NÜTZLINGE
– mit Sand hinterfüllen
TROCKENMAUER TERRASSE
Granit Randstein-leisten
PFLANZEN:
- Frauenmantel (Alchemilla mollis)
- Efeu (Hedera helix)
- Felsennelke (Petrorhagia)
- Nachtkerze (Oenothera)
im Beet: Alte Rosen
NÜTZLINGE
Eidechsen
Salamander
Blindschleichen
TOTHOLZHAUFEN BEIM KOMPOST
für Igel, Blindschleiche, Spitzmäuse
INSEKTEN-"HOTEL"
Hartholz Block
- Buche
- Eiche
Schwebfliege
Solitärbiene
Blattläuse vertilgen
- Ohrwurmhaus
- Laub unter den Wildsträuchern
NISTKÄSTCHEN FUTTERHÄUSCHEN
WILDSTRÄUCHERHECKE
Zaun
Flieder
Wolliger Schneeball
Trauben Kirsche
Rambler Rose
Haselnuss
Eber-esche
Holunder
Weigelia
Tulpen-baum
Sanddorn
Schlehe
Hunds-rose
2–3 m breit
NARZISSEN
VORTEILE:
→ Früchte als NAHRUNG
→ Nützlinge können sich verstecken
→ LAUB als Unterschlupf für Laufkäfer (Schneckenvertilger)!!

Ein Garten mit viel Leben

Es sind nicht nur die Menschen, die Leben in einen Garten bringen. Ganz im Gegenteil – wirklich Teil der Natur wird der Garten nur, wenn sich möglichst viele Tiere einfinden. Hier die Grundregeln:

1. **Nichts übereilen, nichts erzwingen.** Die Natur kann man nicht kaufen, man muss sie verstehen, um ihr eine Chance zu geben. Und man muss Geduld haben.
2. **Beobachten Sie die Natur in der Umgebung.** Selbst im städtischen Gebiet, noch mehr jedoch auf dem Land, zeigt sich schon bei einem Spaziergang, welche Tiere in der Umgebung leben. Schaffen Sie genau für diese Lebewesen Platz und Lebensbedingungen.
3. **Trockenmauern und Totholzhaufen** – die Geburtshelfer. In jedem Garten ist für Naturgartenelemente Platz. In einer Trockenmauer werden sich die Eidechsen und Salamander einnisten, im Holzhaufen der Igel. So klein kann ein Garten gar nicht sein, dass nicht ein kleiner Haufen Gestrüpp Platz findet.
4. **Ein Hotel für Insekten.** Keine Angst, diese nützlichen Insekten sind Helfer und absolut nicht lästig. Solitärbienen und Schwebfliegen sind Blattlausfresser und leben in alten Holzstämmen. Gelochte Hartholzblöcke locken die Nützlinge an und man kann ihnen hautnah zusehen.
5. **Natur bedeutet nicht Unordnung.** Die Ordnung, die wir in unseren Gärten oft als Richtschnur festlegen, schafft nicht Bequemlichkeit. Intelligente Faule „lassen Nützlinge arbeiten".
6. **Unter Sträuchern ist eine Oase der Natur.** Einer der besten Plätze, wo man ganz einfach der Natur Raum gibt, ist das Laub unter den Gehölzen. Dieses Versteck ist für Laufkäfer ideal, sie sind große Schneckenvernichter. Damit das Laub nicht verweht wird, kann man es mit Kompost oder einer ganz dünnen Schicht Rindendekor bedecken.
7. **Kleine Verstecke, große Wirkung.** Ein Ohrwurmhäuschen auf einen Baum gehängt gibt Ohrwürmern ein Versteck, aus dem sie dann in der Nacht ausschwärmen und auf Blattlausjagd gehen. Unglaublich, welche Wirkung es hat!

Trockenmauern sind nicht öde

Es gibt wohl kein schöneres Naturgartenelement als eine Steinmauer - die Pflanzen, die zwischen den Steinen hervorquellen. Noch viel wichtiger als das bunte Blühen sind aber die Nischen und Löcher, die vielen Nützlingen wie Blindschleichen Unterschlupf bieten – alle sind sie große Schädlingsvertilger.

NISTKÄSTEN SIND PFLICHT

Die allergrößten Nützlinge im Garten sind die schönsten Sänger der Natur: unsere Singvögel. Schon im zeitigen Frühjahr beginnen sie an den Blattknospen nach Blattläusen zu suchen, jagen Käfer und stochern in Rindenverstecken nach ungeliebten Bewohnern. Daher ist es die „Pflicht" jedes Gartenbesitzers, Nistkästen im Frühjahr und Futterkästen im Winter aufzustellen. Ihr Garten wird zum Vogelparadies.

WILLKOMMEN IM WWW!

Schon in meinem ersten Buch habe ich damit begonnen, dafür zu werben, die „grüne Welt" im Internet zu erkunden – heute gehört es bereits zum Alltag. Meine Homepage:
http://www.biogaertner.at
Seit vielen Jahren im Netz und vermutlich schon bald ganz neu. Einen Rundgang durch den Garten finden Sie hier ebenso wie aktuelle Tipps und einen Frage-Briefkasten – für den ich aber um ein wenig Geduld bei der Antwort bitte, denn manchmal sind es einige hundert Fragen pro Monat!

Ein Besuch im Garten Ploberger ist nur noch Gruppen vorbehalten. Zu viele Einzelbesucher würden die eigentliche Aufgabe des Gartens zunichte machen – Oase der Ruhe, Balsam für die Seele .... Mindestens 40 Personen, so steht's auf der Homepage, müssen sich zusammenfinden und können an einem vereinbarten Samstag Vormittag oder Nachmittag kommen. „Willkommen im Garten" ist nicht bloß ein Rundgang mit mir, denn einen Garten kann man nur erleben, wenn man ihn auch genießt. Also: Platz nehmen, Kaffee trinken und vor allem die vielen süßen Überraschungen genießen, die Ulli und ihre Freundin Cordula jedes Mal zaubern. Sitzplätze gibt es genug.
Fahren Sie nicht gleich los! Unter www.biogaertner.at finden Sie alle Informationen dazu. Haben Sie Verständnis, ein Privatgarten ist kein Park für die Öffentlichkeit – einige Male im Jahr sagen wir aber: Willkommen in unserem Garten!

Organisationen/Vereine

Deutsche Gartenbaugesellschaft
http://www.dgg1822.de

Österreichische Gartenbaugesellschaft
http://www.garten.or.at

Die Königlich Botanische Gesellschaft von England
http://www.rhs.org.uk/

Garten im Fernsehen

Querbeet – Gartensendung des Bayerischen Fernsehens
http://www.br-online.de/freizeit/querbeet/

Haus und Garten – Gartensendung des WDR
http://www.wdr.de/tv/service/heim/

MDR Garten - Mitteldeutscher Rundfunk
http://www.mdr.de/mdr-garten/

NDR - Fernsehgärtner
http://www.fernsehgaertner.de/

Zeitschriften

Gartenhaus
http://www.garten-haus.at
Die bekannteste österreichische Gartenillustrierte

Gartenpraxis
http://www.gartenpraxis.de
Die beste deutschsprachige Gartenzeitung

Biogartenzeitschrift „kraut & rüben"
http://www.krautundrueben.de
Die bekannteste Biogarten-Zeitschrift

Gartenzeitschrift „Flora"
http://www.flora.de/
Magazin mit vielen praktischen Tipps

Gartenzeitschrift „Mein schöner Garten"
http://www.mein-schoener-garten.de/
Die größte Gartenzeitung

Gartenzeitung
http://www.gartenzeitung.de/
Eine der ältesten Gartenzeitungen Deutschlands

Grüner Anzeiger
http://www.grueneranzeiger.de/
Eine Zeitung für echte Freaks: Kleinanzeigen von und für Pflanzenliebhaber

Natürlich Gärtnern
http://www.natuerlich-gaertnern.de/
Viele Hintergrundberichte zum Thema biologisch Gärtnern

Gardens illustrated
http://www.gardensillustrated.com
Für alle, die Englische Gartenkunst er"lesen" wollen

The English Garden
http://www.theenglishgarden.co.uk/
Noch eine Pflichtlektüre für alle Fans der britischen Gartenwelt

Willkommen in „meinen" Gärtnereien

Staudengärtnerei und Baumschule Praskac
http://www.praskac.at/
Eine der bestsortierten Gärtnereien Österreichs: Ob Bäume, Sträucher oder Stauden – hier findet man alles.

Staudengärtnerei Dieter Gaissmayer
http://www.gaissmayer.de/
Hier wird der Staudeneinkauf zum Erlebnis. Nehmen Sie sich Zeit, wenn Sie hier herfahren. Besonders empfehlenswert: Illertisser Gartenlust.

Staudengärtnerei Feldweber
http://www.feldweber.com/
Der Rundgang wird zu einem botanischem Spaziergang. Am besten mit „Sarastro" verbinden (ganz in der Nähe).

Stauden Sarastro
http://www.sarastro-stauden.com/
Wer einmal erlebt hat, mit welcher Freude Christian Kress dem Gärtnern frönt, der wird immer wieder hier herkommen. Unbedingt mit einem Besuch bei „Feldweber" verbinden (ganz in der Nähe).

Rosenhof Schultheis
http://www.rosenhof-schultheis.de/
Hier erhält man alles, was das Rosenherz begehrt! Dazu ein Firmenchef, der an Liebenswürdigkeit kaum zu übertreffen ist.

Raritätengärtnerei Treml
http://www.pflanzentreml.de/
Ob Salbei oder Rosmarin, ob afrikanische Kräuter oder Jasmin – ein riesiges Sortiment!

Staudengärtnerei Gräfin Zeppelin
http://www.graefin-v-zeppelin.com/
Die Auswahl ist enorm – eine Freude aber ist der Katalog: Man merkt, dass die jetzige Firmeninhaberin gelernte Buchhändlerin ist.

Staudengärtnerei Alpine Raritäten Jürgen Peters
http://www.alpine-peters.de/
Ob ein Leberblümchen für einige tausend Euro (!) oder Veilchen ... auch hier gilt: Hinschauen ist ein Muss!

Für Zitrus-Liebhaber
http://members.aol.com/agrumivoss/citrus.htm
Bernhard Voß hat sich auf winterharte Zitrusarten spezialisiert und schon einige interessante Züchtungen herausgebracht.

Duftpelargonien Stegmeier
http://www.pelargonien-stegmeier.de/
Wenn schon, denn schon – Duftpelargonien üben eine ungeheure Faszination aus. Kaum vorstellbar für einen Sammler, dass diese Gärtnerei gleich einige Tausend davon kultiviert.

Für Liebhaber britischer Pflanzenkultur
http://www.ashwood-nurseries.co.uk/
Die großartigste Gärtnerei, die es gibt – Treffpunkt der Pflanzenliebhaber.

Für Zyklamen-Fans
http://www.tilebarn-cyclamen.co.uk/
Noch eine Gärtnerei der Superlative – aber nur für Zyklamenliebhaber.

Willkommen im größten Surf-Garten

Die umfangreichste und beste Linksammlung zum Thema Garten: Hier sind unzählige Hinweise zu Literatur und Pflanzen zu finden.

http://www.gartenlinksammlung.de/

STICHWORTVERZEICHNIS

Umschlag Bildquellen:

Umschlag der Ausgabe des Österreichischen Agrarverlags:
alle Bilder Thinschmidt, Alice und Böswirth, Daniel

Umschlag der Ausgabe des Verlags Eugen Ulmer:
Titelbild groß: Reinhard, Hans
Titelbild Einklinker oben: Thinschmidt, Alice und Böswirth, Daniel
Titelbild Einklinker unten: Nickig, Marion

Impressum

Die Deutsche Bibliothek – CIP-Einheitsaufnahme
Die Deutsche Bibliothek verzeichnet diese Publikationen in der Deutschen Nationalbibliografie; detaillierte bibliografische Daten sind im Internet über http://dnb.ddb.de abrufbar.

Projektleitung (Lektorat und Herstellung):
Veronika Schubert für den Österreichischen Agrarverlag, Wien
Korrektorat: Mag. Bettina Jakl-Dresel, Wien
Umschlag, Bildreproduktion, grafische Gestaltung & Satz: grafik-design Petr Svestka, Wien
Fachbeirat: Mag. Gregor Dietrich, Wien
Illustrationen: Lisa Manneh, Wien

Printed in Austria

Druck und Bindung: AV + Astoria Druckzentrum, Wien

ISBN (Österreich): 3-7040-2059-1
ISBN (Deutschland): 3-8001-47890